JN023693

社会科学系のための

鷹揚数学入門

—微分積分篇— ［改訂版］

森川 亮 著

学術図書出版社

鷹揚 とは···
（おうよう）

「詩経大雅、大明」から。鷹が大空をゆうゆうと飛ぶさまから、ゆったりと振る舞うこと。余裕があって目先の小事にこだわらないこと。また、そのさま。ようよう。「鷹揚な態度」「鷹揚にかまえる」。大様（おおよう）。

『大辞林 第三版』（三省堂）より

① 鷹が空を飛揚するように、何物にも恐れず、悠然としていること。 ② ゆったりと落ち着いていること。大様（おおよう）。「鷹揚に構える」。

『広辞苑 第七版』（岩波書店）より

　細かいことにはあまりこだわらず，鷹が大空から大地を俯瞰するように全体像を大づかみにしてやろう．

　本書はそんな意図をもって書かれている．

まえがき──親愛なる読者へ

　本書は，かなり型破りな数学書である．筆者のいささか学的な雑食傾向の多すぎる為人(ひととなり)まで現れているようにも思われる（いや，絶対にそのハチャメチャさは現れているだろう）．しかし，微積分の何たるかを理解するにはおそらくは最善であるといささか自負してもいる．遠回りせず，端的にエッセンスを伝えること，できるだけ天下り的な前提を避けることも心がけている．

　しかも筆者は本職の数学者ではない！　だが，数学者の書いた数学が唯一の数学ではない．筆者は，主に数学を使うという立場で数学と付き合ってきたし，自身の経験と勘を総動員して，まさしく失敗を繰り返しながらもなんとか自身の理解を形成してきた．その経験を下地にした本書は，同じく数学を道具としたい，と熱望する読者に資するものと信じたい．

　さて，簡単に全体の紹介をしておこう．

　第1, 2章はウォーミングアップで，数学に苦手意識を持っている人は，第3, 5, 6章を中心にしっかりと読めば，おおよそ微積分の構造を知ることができるようになっている．この3つの章を理解すれば，本書のタイトルにあるように，重要な起伏を大空から俯瞰するように微積分の概念をちゃんと把握できると思う．

　第4, 7章はいくらか発展的な内容となっている．また，第8章は，経済数学事始めであると同時に，問題提起の章である．考えながら読んでみてほしい．読者が自身の考え方を構築する一助になれば幸いである．

　本文中に時々現れる数学らしからぬ話題や脱線・逸脱についても関連分野（あるいは余談）として読者の知的刺激になれば本当に幸いである．──それより何より，ちょっとでも楽しんでもらえたらいいなあ，と思っている．

　とにかく，本書は，読者がしっかりと熟読するということを前提にして書いてある．公式を四角形で囲ったり，重要な所を太字にしたり，ということをあえてしていないのは，そういう意図があってのことである．まずもって，専門書は，娯楽小説を読むように読んではならない．わかってもいないのに適当に読み飛ばすなどは言語道断である．

　「わからない」「難しい」と感じるのは読んでいない（読めていない）からである．あるいは読んだつもりになっているだけだからである．読んでわからなければならない類のものは読んでわからなければならない．本書の内容は，そうした類のもののはずであり，天才にしかわからないような内容では絶対にない．人並みの頭脳さえあれば（ましてや大学に入学するだけの頭脳があるのであれば）理解可能である．

　繰り返すが，とにかく，しっかりと読んでほしい．

　筆者は，学習者に「抽象的な論理を読んで理解する」ということも経験してもらいたいと思っている．「読書百遍意自ずと通ず」である．読者の奮起を期待したい．

目　　次

第1章　関数とグラフ—関数とは何か？　　　　　　　　　　　　　　1

1. そもそも関数とは何か 2

2. よく使われる初等的な関数 4

3. 逆関数 8

第2章　数理的・数学的判断—数列と極限について考える　　　　13

1. 数理的判断—規則性から一般化へ 14

2. 常識を研ぎ澄ます—無限と極限 23

3. 社会科学に現れる極限の概念—その定性的解説 34

第3章　関数を微分するということ　　　　　　　　　　　　　　39

1. 微分の定義—直線の傾きから 40

2. 接線の傾きとグラフの形状 44

3. 様々な関数の微分 46

4. 微分の表記法 48

5. 微分計算のための有名な公式 50

第4章　より複雑な関数の微分法　　　　　　　　　　　　　　　55

1. 高階微分 56

2. 合成関数の微分法 57

3. 偏微分と全微分—変数が複数ある場合の微分法 59

4. 関数の冪展開と近似法—その方法と意義について 62

インターリュード—≪間奏曲≫—I　　　　　　　　　　　　　69

1. 瞬間の哲学—時間の哲学序論 69

2. 微分不可能性について 72

3. ニュートンとライプニッツ，そして関孝和 73

第5章　関数を積分するということ──不定積分　　　　　　　　77

　　1.　積分演算を定義する──不定積分 . . . . 　78

　　2.　部分積分の公式を考える . . . . 　81

　　3.　ライプニッツ記法の優位性──微分方程式序論 . . . . 　84

第6章　定積分法──面積・体積を求める　　　　　　　　　　　91

　　1.　面積を求める . . . . 　92

　　2.　体積──3次元の体積 . . . . 　100

　　3.　もう少し定積分について考える──関数としての定積分 . . . . . . 　101

第7章　より複雑な関数の積分法　　　　　　　　　　　　　105

　　1.　置換積分──変数変換して積分する . . . . 　106

　　2.　変数が複数ある場合の積分法──多重積分 . . . . 　109

　　3.　広範囲に使われる積分──ガウス積分 . . . . 　112

インターリュード──≪間奏曲≫──Ⅱ　　　　　　　　　　117

　　1.　三角関数の微分 . . . . 　117

　　2.　指数・対数関数の微分 . . . . 　119

　　3.　三角関数の定積分をリーマン和から求める . . . . 　121

　　4.　テイラーとマクローリンの展開公式を再考する . . . . 　123

第8章　経済学・経営学は数理科学たりえるか──効用の最大化問題から考える　　　　　　　　　　　　　　　　　　　　　　129

　　1.　経済学・経営学の前提となるもの . . . . 　130

　　2.　効用関数──効用を最適化する . . . . 　136

　　3.　最適化問題を解く──ラグランジュの未定乗数法 . . . . 　139

　　4.　数理化された経済学と経営学の功罪 . . . . 　141

　　5.　では何のための数学なのか？ . . . . 　144

読書案内　　　　　　　　　　　　　　　　　　　　　　　149

問題解答　　　　　　　　　　　　　　　　　　　　　　　152

とりあえずの あとがき　　　　　　　　　　　　　　　　　181

あとがき　　　　　　　　　　　　　　　　　　　　　　　182

索引　　　　　　　　　　　　　　　　　　　　　　　　　183

関数とグラフ──関数とは何か？

　まずは「関数とはなんぞや？」という話から始めよう.

　理解している読者にはいまさら「関数とは？」という話から始めて申し訳ない. しかしながら, 中学以来, 場合によっては小学校高学年以来, 数学（算数）の時間には必ず耳にしてきた関数という用語, これを読者は本当に理解しているだろうか？　この用語の意味を万人にわかるように, あるいは小学生にでもわかるように説明せよ, と言われたら, 読者は適切に説明できるだろうか？

　ここはひとつ, 原理原則に戻って聞き馴染んだ「関数」とは何かを再確認してみることから始めてみようではないか.

1.　そもそも関数とは何か

　数学ではたいてい関数は f で表される場合が多い．この f は function（機能，働き，作用，...）の頭文字である．要するに，関数とは，ある種の働きをするもの，いわば，魔法の箱のようなもので，インプット（入力）されたもの（あえてここでは数字とは言わない）に"エイ！　ヤッ！"っと魔法をかけて変化させて別物としてアウトプット（出力）する機能であったり，働きであったり，作用であったり，...と考えておけば間違いない．要するに，以下のようなシステムのことである．

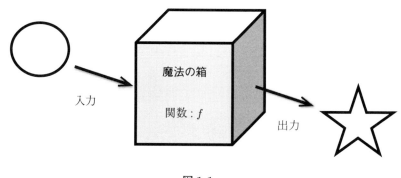

図 1.1

　この図は，○を関数 f という「魔法の箱」に入力すると（$x = ○$ として），☆を出力してくる，というシステムである．で，この出力を y とすれば，$y = ☆$ である．かくして，魔法の箱たる関数 $y = f(x)$ を x-y 座標上にプロットすると，図 1.2 のようになる．

　さらに，この箱の中に□を入れて♡，◇を入れたら△，...となっていったとして，これを図 1.2 の座標上にどんどんプロットしてゆき，それらを繋げてゆくと，魔法の箱たる関数 f が x-y 座標上に描く曲線を得ることができる．これをグラフと称しているわけである．

　以上をよくよく理解し，咀嚼した上で，数学的に非常に単純な例を 1 つ示そう．

　$y = x^2 - x$ のグラフを描いてみよう．考えている関数は，$f(x) = x^2 - x$ で，x に，$1, 2, -3, 0, -1, \ldots$ などと入れてゆくと，対応する y が得られて，たと

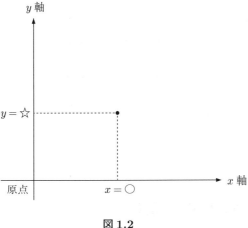

図 1.2

えば，以下の表のようになる.

入力 (x)	$\cdots$	-2	-1	0	1	2	$\cdots$
出力 (y)	$\cdots$	6	2	0	0	2	$\cdots$

これをプロットすると見慣れた以下のような放物線（2次関数のグラフ）を描くことができる.

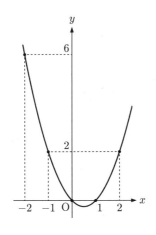

図 1.3

では，具体的に以下の練習問題で関数をグラフ化してみよう.

> **問 1.1** 以下をグラフ化せよ．なお，グラフの形は概形がわかればよい（厳密に描く必要などまったくない）．—適宜，因数分解，平方完成などを使用するとより簡単になる．
>
> (1) $y = -2x + 3$　　(2) $y = \dfrac{1}{x}$　　(3) $y = x^2 + 1$
>
> (4) $y = x^2 + x$　　(5) $y = 2x - 1$　　(6) $y = \dfrac{1}{x^2}$
>
> (7) $y = -2x^2 + 1$　　(8) $y = x^3 - x$
>
> (9) $y = x^4 - 2x^3 - x^2 + 2x$　　(10) $y = -x^3 + 3x^2 - 2x$

2. よく使われる初等的な関数

ここでは，非常によく使われる初等的な関数について紹介しよう．

2.1 三角関数のグラフ

まずは，三角関数であるが，三角関数というと異様に複雑でゴチャゴチャした公式とウンザリする計算しか思い出さない人がいるようだが，要するには単に直角三角形の辺の比のことである．図 1.4 を参照してほしい．図から明らかなように，直角三角形の角度 θ が変化すれば辺の比も変わってくるはずで，この比を角度 θ の関数で表したものが三角関数である．

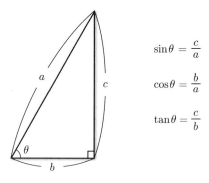

$$\sin\theta = \frac{c}{a}$$

$$\cos\theta = \frac{b}{a}$$

$$\tan\theta = \frac{c}{b}$$

図 1.4

　ところで，三平方の定理（ピタゴラスの定理）より，$a^2 = b^2 + c^2$ であるが，これより，$\sin^2\theta + \cos^2\theta = 1$ がただちに導かれる．三角関数の数ある（ほとんど無数と思われるほどある）公式のなかでも，これくらいは確認しておいてほしい．

　ともあれ，最も汎用性があり初等的な関数を挙げろ，と言われればやはり三角関数であろう．三角関数の特徴は，同じ波形が繰り返されるその周期性にある．しかしながら，経済数学のたいていの教科書では三角関数はほとんど見かけない．それどころか，以下に紹介する指数関数と対数関数もあまり見かけない（三角関数よりはずっと見かけるが…）．この理由は，後に微積分のところで習うテイラー展開やマクローリン展開という手法を用いることでこれらの関数を冪関数[1]の和（多項式）に近似してしまうからである．実際，これらの展開式の示すグラフは元の関数のグラフと局所的な一致を示す．詳細は，微積分のところで解説することとして，まずは三角関数のグラフの形を確認しよう．

1：$y = \sin x$ のグラフ

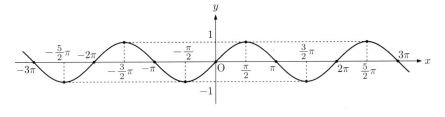

図 1.5

2：$y = \cos x$ のグラフ

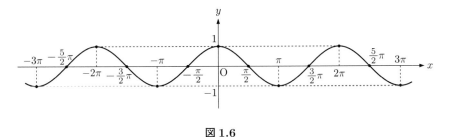

図 1.6

---

[1] 冪関数というのは，x^2, x^3, ... のように，x^n で表す関数のことである

グラフの形を見て一目瞭然であるが,サインとコサインは,$\dfrac{\pi}{2}$(つまり,90°)[2]互いにずれているだけでグラフの形は同じである.これを数学の用語では位相が $\dfrac{\pi}{2}$ だけ異なる,とか $\dfrac{\pi}{2}$ だけずれている,と言う.

3:$y = \tan x$ のグラフ

$\tan x$ は,$\dfrac{\sin x}{\cos x}$ でもある.

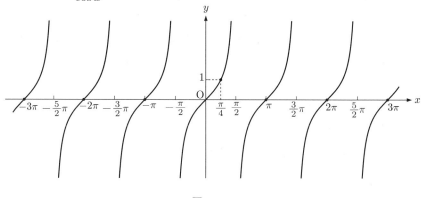

図 1.7

2.2 指数関数 $y = e^x$ のグラフ

e はネイピア数 ($e = 2.7182\cdots$) である.

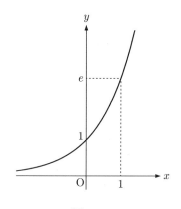

図 1.8

---

[2] 円の弧の長さと角度は比例している.これを利用して,半径1の円の弧の長さで角度を表す方法が弧度法である.この場合,90° は $\dfrac{\pi}{2}$,180° は π,360° は 2π である.

2.3　対数関数 $y = \log x$ のグラフ

底は e（ネイピア数）とした．がしかし，とりあえずここでは，底とか具体的な計算とかは気にせず，関数の形（グラフ）だけを確認しておこう．

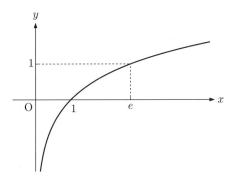

図 1.9

なお，指数関数と対数関数が互いに逆関数の関係にあることは（逆関数についての詳細は次節を学んでからここに再度戻ってみてほしい），両者が，$y = x$ の直線に関して対称になっていることでわかる．

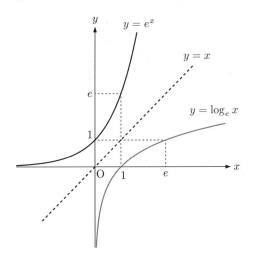

図 1.10

以上が，まずまず基礎的な関数とそのグラフであるが，難しく考える必要はさらさらない．どれも，図1.1のように，結局は，入力したxにその関数に独自の変化をほどこして出力してくれる「魔法の箱」と考えておけばいいのである．その出力された値をどんどん平面上にプロットしてゆくと上記のような曲線になる，というだけのことである．

3.　逆関数

本章の最後に，いくらか付加的ではあるが，いちおう知っておいた方がいいことを述べておくことにしよう．逆関数という概念である．

ここまでは，変数xを入力して結果として出力yを得る，という形を紹介してきた．しかし，これはひっくり返すこともできる．つまり，今度は，確定したyを入力してxを得るという向きにするのである．本章の最初に示した関数の「魔法の箱」の例を用いれば，☆を入れて○を出そうというのである．

○を入れて☆を出す箱がfならば，箱の中のシステムたるfをいわば逆回転させてやれば☆を入れて○を出すシステムたりえるわけである．イメージは以下である．描かれている矢印が逆転しているところがミソである．

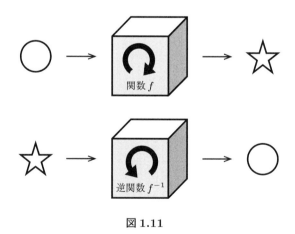

図 1.11

こうした機能を元の関数の逆向きの機能であるとして逆関数という．数学の記号で表すと，関数$y = f(x)$に対して，これの逆関数は，$x = f^{-1}(y)$と記す．

もちろん，細かいことはもっとあって，実は，上記の☆と○は定義上，一対

一対応していなければならない．〇を入れて☆が出てくるシステムに対して逆システムたる逆関数に☆を入れたら〇だけでなく△という新しいものも出てきたなどという場合は逆関数ではない．しかし，こうした細かいことはちょっと棚に上げておいて，要するに，逆関数の概要は，上記のごとくである．

　とにかく，具体例を示そう．

　$y = 3x + 5$ の逆関数は，$x = \dfrac{1}{3}y - \dfrac{5}{3}$ である．――ただ元の式を x イコールに変形しただけである．これだと，確かに $\dfrac{1}{3}y - \dfrac{5}{3}$ なる関数の変数 y に具体的な数値を入れると対応する x が出力されることがわかる．で，通常，x を変数とすることが慣例になっているので，これを $y = \dfrac{1}{3}x - \dfrac{5}{3}$ と書き直してグラフとして描いたのが，図 1.12 である．両者が直線 $y = x$ に対称になっていることを確認してほしい．――これを確認するには，$y = x$ の線で折り紙のように折った場合に両者が一致することを見ればよい．

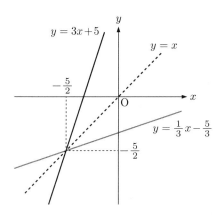

図 1.12

　では，$y = x^2 + 5$ の場合はどうか？　上記と同じように行えば，$x = \pm\sqrt{y - 5}$ である．がしかし，これでは，1つの y に2つの x が対応してしまって厳密には逆関数ではない．ちなみに，$y = x^2 + 5$ と $x = \pm\sqrt{y - 5}$ を描いたのが図 1.13 である．一方のグラフは，1つの x の値に1つの y の値が対応しているが，一方のグラフは，1つの x の値に2つの y の値が対応していることがわかる（頂点だけ一対一対応している）．しかし，対称軸である $y = x$ に対称では

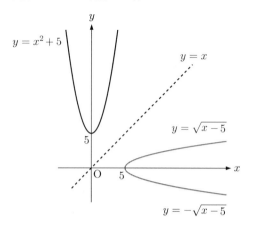

図 1.13

あって，いわば逆関数もどきのような状態になっている．

　これを，真性の逆関数（←などという言葉はいま，筆者が勝手に創作したのだが）にするには，以下のように定義域に条件を付ければよい．

　すなわち，$y = x^2 \ (0 \leqq x)$ とすると，対する逆関数は，$y = \sqrt{x-5} \ (5 \leqq x)$ となって 1 つに確定する．ただし，カッコ内に記したように，逆関数の定義域は 5 以上である．あるいは，$y = x^2 + 5 \ (x \leqq 0) \longleftrightarrow y = -\sqrt{x-5} \ (5 \leqq x)$ である．こうすると，○と☆（x の値と y の値）が一対一対応することをグラフで確認してほしい．

　以上，厳密には，こういうことなのであるが，まあ，あまり細かいことは気にしなくてもよい．ここでは，逆関数とは何か，ということが理解できればいい．上記したような定義域や値域といったことが問題になってくる場合であっても，よほど複雑な数理的・数学的な処理を行っていなければ，まず間違いようがない場合がほとんどだからである．

　以下に三角関数の逆関数の表記を列記しておく．なお，逆関数の逆関数は元の関数であり，下記の左右はそれぞれ互いに逆関数の関係にある．

　$y = \sin x$ を x イコールの式に変形すると，$x = \sin^{-1} y = \arcsin y$ なので，

$$y = \sin x \longleftrightarrow y = \sin^{-1} y = \arcsin x$$

が互いに逆関数の関係になる．ここで，sin の前に付いている "arc" は当該の
関数の逆関数を示す．以下同様に，

$$y = \cos x \ \longleftrightarrow \ y = \cos^{-1} x = \arccos x$$

$$y = \tan x \ \longleftrightarrow \ y = \tan^{-1} x = \arctan x$$

である．

　さて，最後に，前節で述べた指数関数と対数関数の関係について述べておこ
う．結論から述べると，対数関数は，指数関数の逆関数として定義される．
　すなわち，指数関数 $y = a^x$ に対して $x =$ と表記する関数が対数関数なのであ
る（そのように対数関数を導入したのである）．すなわち，$y = a^x \Rightarrow x = \log_a y$
であり，したがって，$y = a^x \ \longleftrightarrow \ y = \log_a x$ が互いに逆関数の関係にあ
るわけである（図 1.10 を参照のこと）．ここで，対数関数の底が特別にネ
イピア数 e であった場合はこれを省いて書くことが慣例である．この場合，
$y = e^x \ \longleftrightarrow \ y = \log x$ が互いに逆関数の関係にある．
　対数関数の計算は，以下である．
　まず，底を a として，$\log_a b$ について考える．この底の変換は，以下である．

$$\log_a b = \frac{\log_c b}{\log_c a}$$

たとえば，底を e に変えたいのであれば

$$\log_a b = \frac{\log b}{\log a}$$

である．また，対数関数には，以下のような性質がある．

$$\log_a b^c = c \log_a b$$

$$\log_a a = 1$$

したがって，

$$\log_a a^n = n$$

である．また，底が同じ場合は以下が成り立つ．

$$\log_a \alpha + \log_a \beta = \log_a \alpha\beta$$

$$\log_a \alpha - \log_a \beta = \log_a \frac{\alpha}{\beta}$$

もっとも，これらは，逐一，必要となった場合に参照すればよい．

練習問題

ここでは，比較的よく用いるが既知として説明できなかった事柄を中心に問題の形で示しておこうと思う．特に習得してほしい事項については☆を付しておくので参考にしてほしい．☆の問題については解答のところで詳しい解説を行っておくのでこれもまた参考にしてほしい．

1-1 ☆ ──〈指数の計算について〉──

(1) $a^2 \times a^3$ を計算せよ． (2) $(a^3)^5$ を計算せよ．

(3) 上記の (1) と (2) から以下がどうなるか考えよ．

1; $a^n \times a^m = ?$ 2; $(a^n)^m = ?$

(4) (3) が成立すると以下も成立することを確認せよ．

1; $a^{-s} = \dfrac{1}{a^s}$ 2; $a^0 = 1$

3; 平方根は $\dfrac{1}{2}$ 乗，3乗根は $\dfrac{1}{3}$ 乗，4乗根は $\dfrac{1}{4}$ 乗，...となることを確認せよ．また，それぞれの表記法を確認せよ．

4; $a^{\frac{s}{r}} = \sqrt[r]{a^s}$ を確認せよ（$\sqrt[r]{\ }$ は上の3で確認したように r 乗根である）．

1-2 ☆ ──〈指数の計算について〉──

次の値を計算せよ．

(1) $\sqrt[3]{5^5} \times 5^{\frac{1}{3}}$ (2) $\sqrt[4]{81} \times 3^{-1.5}$ (3) $(3^{-1.5})^{\frac{2}{3}}$ (4) $2^{-1.5} \times 2^{2.5}$

1-3

(1) 関数 $y = \sqrt{x}$ の逆関数を求め，両者のグラフを描け．

(2) 関数 $y = -\sqrt{x}$ の逆関数を求め，両者のグラフを描け．

(3) 関数 $y = \dfrac{1}{3}x - 1$ の逆関数を求め，両者のグラフを描け．

(4) 関数 $y = \log_{10} x$ の逆関数を求め，両者のグラフを描け．

1-4 本文中の対数関数の公式を参考にして以下を計算せよ．

(1) $\log_{10} 100 + \log_{10} 1000$ (2) $\log_{10} 100 - \log_{10} 1000$

(3) $\log_4 32 + \log_2 64$ (4) $\log_9 \dfrac{1}{27} - \log_3 81$

(5) $\log e^x + \log_{10}(\dfrac{1}{10})^{-y}$

数理的・数学的判断
──数列と極限について考える

　本章では，数理的な判断について述べよう．本章で強調したいことは，いくらか仰々しく数理的判断といっても，いたって常識的なものや単なる規則性の認識である場合が大半である，ということだ．

　なお，本章では（そして本書全体でも），個別具体のいわば典型的な事例を考察し，そこから一気に一般化する，という論法を用いる．こういった論法を広義には帰納的推論（判断）という．通常，厳密に数学的な論理を進めるには，帰納法では不充分で，演繹的に証明されなければならない．しかし，この帰納と演繹のギャップは常識的な判断でもって架橋しよう．それこそが，数理的・数学的な判断そのものである．

1.　数理的判断——規則性から一般化へ

1.1　数列の一般項を導出してみる

　非常に簡単で誰でも規則性を見出すことができる事例から話を始めよう．まず，以下の数字の羅列を見てほしい．

$$2, \ 5, \ 8, \ 11, \ 14, \ 17, \ldots$$

これを見て「順々に 3 を加えていっている」ということがわからない人はまずいないだろう．したがって，17 の次は 20 で，20 の次は 23 となるだろう，と予想がつく．もっとも，究極的にはわからない（つまり，これ以降，まったく数字がランダムになってしまわない理由はないし，14, 11, 8,... と逆転して小さくなっていかない理由はとりあえずない）．しかし，少なくとも，常識的には 20, 23,... となってゆく，と考えるのが普通である．ちなみに，こういう数字の羅列を数列といい，特に，等しい数字を順々に足してゆくことでできあがる数列のことを「等差数列」という．——高校の数学で習った人も多いはずだ．

　では，次のような場合はどうだろうか？

$$3, \ 6, \ 12, \ 24, \ 48, \ 96, \ldots$$

この場合は，順々に 2 を掛けている．したがって，この続きを書くならばおそらく 192, 384, 768, 1536,... となってゆくはずである．これも高校の数学で扱うもので，「等比数列」という名前がついている．

　さて，さらに抽象度を上げよう．

　両方とも規則的で単純な数字の並びなので，最初から数えて 10 番目はどうなるか？　23 番目はどうなるか？　と問われても，基本的には上記で示したようにひたすら足し算を，あるいは等比数列なら掛け算を行えばよい．がしかし，「そんな面倒なことはやってられん！」（100 番目とか，137 番目などと言われたらとてもやっていられない！）ということで，一気に一般化して n 番目はどうなるか，ということを文字 n でもって表示しようというのである．そうすると，n に具体的な数字を入れればアウトプットとして対応する具体的な数字が出てくる．このように表記された n 番目の数字（値）a_n を数列の一般項と呼ぶ．すなわち，以下のようなことを行うのである．

$$a_1 \quad a_2 \quad a_3 \quad a_4 \quad a_5 \quad a_6 \quad \cdots \quad a_n \quad \cdots$$

$$\downarrow \quad \downarrow \quad \downarrow \quad \downarrow \quad \downarrow \quad \downarrow \quad \cdots \quad \downarrow \quad \cdots$$

$$2 \quad 5 \quad 8 \quad 11 \quad 14 \quad 17 \quad \cdots \quad ? \quad \cdots$$

この場合, a_n はどう表記されるべきであろうか？　大方の人は公式を覚えておいてなんとかテストに対応したのではないだろうか. しかし, 公式を忘れてしまったらどうするのか. そこで規則性である. いわば, 3 を順々に足してゆく, という単純な規則性からもう少し抽象度の高い規則性を引っ張り出そう, というのである. そこで, ちょっと上記の表記を変化させてみる. すなわち,

$$a_1 = 2$$

$$a_2 = 2 + 3$$

$$a_3 = 2 + 3 + 3 = 2 + 2 \times 3$$

$$a_4 = 2 + 3 + 3 + 3 = 2 + 3 \times 3$$

$$a_5 = 2 + 3 + 3 + 3 + 3 = 2 + 4 \times 3$$

$$a_6 = 2 + 3 + 3 + 3 + 3 + 3 = 2 + 5 \times 3$$

としてみる. すると, 第 1 項は, 3 が 0 個足されていて, 第 2 項は 3 が 1 個足されていて, 第 3 項は 3 が 2 個足されていて, ... となっているのがわかる. ということは, 第 n 項はどうなるか？　3 が $n-1$ 個足されているはずである. というか, そういう規則性をこの表記が自ら物語っている. かくして, 一般項は,

$$a_n = 2 + (n-1) \times 3$$

$$= 3n - 1$$

となる.

すなわち, 数列の最初の項を a と書き, 隣り合う項の差（公差）を d と書けば, 一般項は,

$$a_n = a + (n-1)d$$

と表記されるはずである. これが, 等差数列の一般項の公式として知られるものである. さて, では, 一方の等比数列はどうなるだろうか？　あえて, 上記

で用いた数列をそのまま用いて以下の例題とする.

例題 2.1　数列 3, 6, 12, 24, 48, 96, ... の一般項を求めよ.

　ただし，公式を覚えている人は，公式を忘れてしまったと想定して自らの手で規則性を見出すようにして回答することを試みること！　（公式に当てはめるなど数学ではない！　そんなものは知的退廃である！）

●解答●　見るからにこの数列は，2 倍, 2 倍, 2 倍, ... となっている. したがって，規則性を露わに書けば，以下のようになる.

$$a_1 = \ \ 3 = 3 \times 2^0$$

$$a_2 = \ \ 6 = 3 \times 2^1$$

$$u_3 = 12 = 3 \times 2^2$$

$$a_4 = 24 = 3 \times 2^3$$

$$a_5 = 48 = 3 \times 2^4$$

$$a_6 = 96 = 3 \times 2^5$$

$$\cdots\cdots$$

すなわち，第 1 項は 3 掛ける 2 の 0 乗，第 2 項は 3 掛ける 2 の 1 乗，第 3 項は 3 掛ける 2 の 2 乗, ... ということである. よって，第 n 項は，3 掛ける 2 の $n-1$ 乗である. したがって，一般項は，

$$a_n = 3 \times 2^{n-1}$$

となる.

　かくして，等比数列の場合は，最初の項を a と書き，隣り合う項との比を r とすると，一般項は，

$$a_n = a \times r^{n-1}$$

$$= ar^{n-1}$$

となる. これが等比数列の一般項の公式である.

問 2.1 以下の数列の一般項を求めよ (当たり前だが，それぞれ一番左側に書かれている数字が初項で a_1 である).

(1) $-3,\ -1,\ 1,\ 3,\ 5, \ldots$

(2) $67,\ 63,\ 59,\ 55,\ 51, \ldots$

(3) $1,\ 4,\ 16,\ 64,\ 256,\ 1024, \ldots$

(4) $4,\ 12,\ 36,\ 108,\ 324, \ldots$

1.2 数列の和を求める——等差数列の和

さらに抽象度をあげよう！ 今度は，この数列を足してゆくとどうなるだろうか？ たとえば，1 から 100 までを全部足し算する（つまり，$1+2+3+\cdots+99+100$ を行う）とどうなるだろうか？ もちろん，この程度なら単純に足してゆけばいいのだが（すごく面倒くさいけれど），それではいささか能が無い.

この問題に対して後の天才数学者で，当時 9 歳のガウス少年はほんの数秒で答えたという逸話が残っている. この問題をガウスのクラスに出した先生は，30 分くらいかかるだろうと思い，その間にちょっと雑用をこなそうと思っていたらしい. しかし教師の意に反してガウスは「5050 です！」と，あっという間に答えてしまったという…．

ガウスは以下のように考えた.

Carolus Fridericus
Gauss (1777-1855)

1 と 100 を足せば，101 である. 2 と 99 を足せば 101 である. 3 と 98 を足せば 101 である…. すなわち，1 から 100 までを足すということは，この組み合わせが 50 組あるわけだから，$101 \times 50 = 5050$ である！

ところで，1 から 100 までを足すというのは，$1, 2, 3, 4, \ldots, 99, 100$ という公差 1 の数列を第 1 項から第 100 項まで足す，ということでもある. すなわち，最も単純な数列（の 1 つと目されるもの）の和を考えることである. この単純な数列で成立することは，果たして一般的に成立するであろうか？ 等差数列の一般項の公式を用いて確かめてみよう.

　等差数列の一般項は，$a_n = a + (n-1)d$ だったのだから，これを第1項から第 k 項まで足すことを考えよう．つまり，

$$S_k = a + [a+d] + [a+d \cdot 2] + [a+d \cdot 3] + \cdots + [a+(k-2)d] + [a+(k-1)d]$$

を考えるのだが，ここでガウスのアイデアを確かめてみると $\cdots$，

　（第1項）＋（第 k 項）$= a + [a+(k-1)d] = 2a + (k-1)d$

　（第2項）＋（第 $k-1$ 項）$= [a+d] + [a+(k-2)d] = 2a + (k-1)d$

　（第3項）＋（第 $k-2$ 項）$= [a+2d] + [a+(k-3)d] = 2a + (k-1)d$

$$\cdots\cdots$$

と確かに彼の言うとおりになっていて，このペアが，$\dfrac{k}{2}$ 組ある（k が奇数のときは，ペアになれない項（中央）があるが，これは $\dfrac{1}{2}$ ペアと考えればよい）のだから，和 S_k は，

$$S_k = \frac{k}{2}\{2a + (k-1)d\}$$

となる．これが，等差数列の和の公式である．

1.3　数列の和を求める—等比数列の和

　では，等比数列の場合はどうなるのか？　これはいささか数学的にテクニカルである．本書は，数学のテクニックを伝授するためのものではないが，事の都合上，解説しておく．しかしながら，このテクニックは，いかにも数学的に美しいものなので是非とも堪能してほしい（あるいは可能ならば会得してほしい）．

　これに関しては，一気に，一般的な公式を導出することにしよう．

　いま，初項が a，公比が r とすると，一般項は，$a_n = ar^{n-1}$ である．これを第1項から第 m 項まで加算することを考える．つまり，$\displaystyle\sum_{n=1}^{m} a_n = a_1 + a_2 + \cdots + a_m$ を行う．和を S_m と書いて，より具体的に書くと，

$$S_m = a + ar + ar^2 + ar^3 + \cdots + ar^{m-1}$$

を行うということである．これを一気に加算することは困難に見えるが，両辺

に r を掛けたものとの差を考えると「$\cdots$」の部分が一気に消去される. つまり,

$$S_m = a + ar + ar^2 + ar^3 + \cdots + ar^{m-1}$$

$$rS_m = \qquad ar + ar^2 + ar^3 + \cdots + ar^{m-1} + ar^m$$

として, 上の式から下の式を引けば, $(1-r)S_m = a - ar^m$ なのだから,

$$S_m = \frac{a(1 - r^m)}{1 - r}$$

ということになる.

問 2.2

【1】 数列 2.0, 2.5, 3.0, 3.5, 4.0, 4.5, 5.0, ... について

(1) 一般項を求めよ.

(2) 第1項から第 k 項までの和を求めよ. ただし, 単純に公式に当てはめるのではなく, ガウスの発想を再確認するように加算を行え.

【2】 数列 3, 9, 27, 81, 243, ... について

(1) 一般項を求めよ.

(2) 第1項から第 s 項までの和を求めよ. ただし, この場合も単純に公式に当てはめるのではなく, 本文中で解説した和を求める手順をこの数列に当てはめることで加算を行うこと.

1.4　その他, よくお目にかかる数列—階差数列

　上記した等差数列と等比数列は数列の基本中の基本であるが, これら以外にも比較的よくお目にかかる数列がある. 階差数列である. これは, 一見しただけでは規則性が見いだせない数字の羅列であっても, 隣り合う項の差を取り出してみると規則性が露わになるような数列である. たとえば,

$$1, \ 3, \ 7, \ 13, \ 21, \ldots$$

という数列の場合, 隣り合う項の差が $2, 4, 6, 8, \ldots$ となっており, これが等差数列になっている. つまり,

$$\begin{array}{ccccccc} 1 & & 3 & & 7 & & 13 & & 21 & \ldots & = A_n \\ & +2 & & +4 & & +6 & & +8 & & \ldots & = B_m \end{array}$$

ということである (それぞれを A_n, B_m とした). この規則性を詳細に見てみ

よう．すると，以下のようになっていることがわかる．

$$A_1 = 1 \, (B_m の何も足さない) = 1$$

$$A_2 = 1 + 2 = A_1 + B_1 = 3$$

$$A_3 = 1 + 2 + 4 = A_1 + (B_1 + B_2) = 7$$

$$A_4 = 1 + 2 + 4 + 6 = A_1 + (B_1 + B_2 + B_3) = 13$$

$$A_5 = 1 + 2 + 4 + 6 + 8 = A_1 + (B_1 + B_2 + B_3 + B_4) = 21$$

$$\cdots\cdots$$

つまり，数列 A_n の第 n 項は，A_1 と数列 B_m の第 1 項から第 $n-1$ 項までの和となっていて，このような構造になっている数列 B_m を階差数列と称する（ときに，階差の構造を有することから数列 A_n も含めて階差数列と呼ぶ場合もある）．したがって，一般項 A_n は，

$$A_n = A_1 + \sum_{m=1}^{n-1} B_m$$

ということで，$B_m = 2m$ なのだから（数列 B_m は初項が 2 で公差が 2 の等差数列である），実際に計算すると，$\displaystyle\sum_{m=1}^{n-1} 2m = n^2 - n$ となり，したがって，$A_n = n^2 - n + 1$ となる．

　この数列 A_n を第 1 項から第 m 項まで加算するには，

$$S_m = \sum_{n=1}^{m} A_n = \sum_{n=1}^{m} (n^2 - n + 1)$$

を求めるべきである．すなわち，

$$\sum_{n=1}^{m} (n^2 - n + 1) = \sum_{n=1}^{m} n^2 - \sum_{n=1}^{m} n + m$$

である．右辺の第 3 項は 1 を m 回加算するのだから自明であろう．また，第 2 項は，$1 + 2 + 3 + \cdots + m$ とするのだから，$(1 + m)\dfrac{m}{2} = \dfrac{1}{2}m^2 + \dfrac{1}{2}m$ である．では，第 1 項はどうなるのか？　これはいささかテクニカルな方法で，以下のように，$(n+1)^3 - n^3 = 3n^2 + 3n + 1$ を用いる．すると，

$$n = 1 \text{ で,} \qquad 2^3 - 1^3 = 3 \cdot 1^2 + 3 \cdot 1 + 1$$
$$n = 2 \text{ で,} \qquad 3^3 - 2^3 = 3 \cdot 2^2 + 3 \cdot 2 + 1$$
$$n = 3 \text{ で,} \qquad 4^3 - 3^3 = 3 \cdot 3^2 + 3 \cdot 3 + 1$$
$$\cdots\cdots$$
$$n = m \text{ で,} \quad (m+1)^3 - m^3 = 3 \cdot m^2 + 3 \cdot m + 1$$

となり，これらの上から下までを加算すると，左辺に残るのが，$(m+1)^3 - 1^3$ のみとなって，$(m+1)^3 - 1^3 = 3\sum_{n=1}^{m} n^2 + 3\sum_{n=1}^{m} n + m$ なので，右辺の第 2 項に上記した結果を代入して整理すると，

$$\sum_{n=1}^{m} n^2 = \frac{1}{6}m(m+1)(2m+1)$$

となる．したがって，$S_m = \frac{1}{3}(m^2 + 2)$ となる．

章末の練習問題 *2-4* に別の問題を掲載しておくのでこれも確認しておくとよい．

1.5 数列の応用例

本節では数列 (特に等比数列) の応用例をまずは 2 つ挙げておこう (次節で無限の概念を学んでからさらにもう 1 つの応用例を挙げる).

(a) 貯蓄

ひと月に 1 万円ずつ貯金してゆく，という場合の貯蓄高を考えよう．——これは，いわば，1, 1, 1, 1, 1,... という数列の加算でもある．

さて，貯蓄残高は，1 カ月目は，1 万円で，2 カ月目は 2 万円，3 カ月目は 3 万円，... となるのだから，ここまではあまりにも単純な話である．しかし，12 カ月目にその時点での残高全体に 1% の利息を付けてくれる，となると計算が複雑になってくる．12 カ月で 12 万円を貯金したが，ここで 1% の利息である 1,200 円の利息が付き，残高は，121,200 円となる．さらに，2 年目も同様に一月に 1 万円ずつ貯金してゆくと，24 カ月で 241,200 円となるが，これに 1% の利息が付くのだから，2,412 円の利息が付く．つまり，2 年間での貯蓄の総額は，243,612 円となる．

この種のものは，さらに複雑化させてゆくことができる．たとえば，12カ月目に1%の利息を付けるのではなく，1カ月ごとに0.5%の利息が付くように設定された口座ならば，貯蓄額の計算はさらに複雑化する．この場合，1カ月目で10,050円になり，2カ月目で，100円25銭の利息が付くので，1円以下を切り上げとすると，101円の利息となって，2カ月で20,151円が貯蓄残高となる．

　さて，ここで問題である．この2つのパターンの貯蓄計画では，どちらが得だろうか？　もちろん，どちらが得になるかは場合によって異なる．どういう場合なら得で，どういう場合なら損なのか，読者自らが計算して考えられたし！

(b)　複利計算

　100万円を定期預金に預けた場合のことを考えよう．で，この預金は（この銀行は），幸運にも利息が1年間で1%付くということにしよう．

　さて，論より証拠である．この設定で，まずは以下の問題を考えよう．

例題 2.2　金利が年利1%の場合，100万円を預けておくと何年後に200万円を超えるだろうか？　また，150万円を超えるのは何年後だろうか？

解答　これは，等比数列の応用である．1年目で100万円は，$100 \times 1.01 = 101$ 万円となり，2年目で $101 \times 1.01 = 102.01$ 万円となり，... ということなので，この数列は，初項が100万円（以下，計算を単純化するために100とする），公比が1.01である．すなわち，n 年目は，100×1.01^n 万円となるはずである．これが200万円を超えるには，$100 \times 1.01^n \geqq 200$ より，$1.01^n \geqq 2$ となる n を求めればよいということになる．

　実際に，電卓を叩くと，なんとようやく70年目で200万円を超えることがわかる．150万円を超えるのは41年目である．

問 2.3　同様に，100万円を定期預金する場合，利息が5%だったとすると，200万円になるのは（200万円を超えるのは）何年後だろうか？　最初に等比数列の一般項を導出し，最後に電卓を用いて計算せよ．

問 2.4　上で考えてきたことを一般化しよう．一般的に利息が r%であった場合，n 年後の預金はいくらになっているだろうか？　r と n で表記せよ．

2.　常識を研ぎ澄ます—無限と極限

2.1　無限と極限

さて，件の無限についてである．

本節では，∞—無限大の扱い方を考えよう．抽象度の高い概念であるが，常識的な判断を積み重ねてしっかり考えれば，いたって単純なことだということが理解されると思う．

まず，以下の数列を考えよう．

[1]　1, 3, 5, 7, ...

[2]　1, 2, 4, 8, 16, ...

それぞれの一般項は，[1]：$a_n = 2n - 1$，[2]：$b_n = 2^{n-1}$ である．これらの数列を無限に書き出してゆくとどうなるだろうか？　つまり，n をやたらと大きくしてゆくとどうなるだろうか？　答えは簡単である．項の値もどんどん大きくなってゆく．これを数学では，n を無限大に飛ばすと，（項の）値が無限大に発散する，などと表現し，n を無限大に飛ばす，を，$n \to \infty$ とか，$\lim\limits_{n\to\infty}$ などと記す．すなわち，この例の場合は，

$$n \to \infty \text{ ならば,} \ a_n \to \infty, \ \text{および} \ b_n \to \infty$$

あるいは，

$$\lim_{n\to\infty} a_n = \lim_{n\to\infty} (2n - 1) = \infty$$

$$\lim_{n\to\infty} b_n = \lim_{n\to\infty} 2^{n-1} = \infty$$

などと記す．ちなみに，[1] と [2] のいずれであっても，$n \to \infty$ とすると，その項の和も ∞ に発散する（以下の問題 2.1 で確認のこと）．

では，次のような数列の場合はどうなるだろうか？

[3]　$3, \dfrac{3}{2}, \dfrac{3}{4}, \dfrac{3}{8}, \dfrac{3}{16}, \cdots$

これは，初項が 3 で，公比が $\dfrac{1}{2}$ の等比数列である．すなわち，一般項 c_n は，

$$c_n = 3 \left(\frac{1}{2}\right)^{n-1}$$

である．この場合に，[1] と [2] と同様なこと，すなわち，$n \to \infty$ としたらど

うなるだろうか？　常識的な判断として，$\dfrac{1}{2}$ を次々に掛けてゆくと，どんどんと数字が小さくなるのだから（どんどんと半分になってゆくのだから），やがて，無視できるくらいに小さくなって，ほとんど 0 になってしまうだろう，と推測できる．すなわち，$\displaystyle\lim_{n\to\infty} 3\left(\dfrac{1}{2}\right)^{n-1} = 0$ となるだろうと推測できる．こういう事態を収束，あるいは収束する（項 c_n が 0 に収束する）という．

　さらに，[3] についてもう少し考えよう．今度は，この等比数列の和についてである．[3] の数列を第 1 項から第 n 項まで足した場合，

$$S_n = 6\left[1 - \left(\dfrac{1}{2}\right)^n\right]$$

となる．これに対して $n \to \infty$ とすると，S_n は，6 に収束する．なぜか？ $n \to \infty$ ならば，$\left(\dfrac{1}{2}\right)^n$ は無限に小さくなるので $\left(\dfrac{1}{2}\right)^n \to 0$ と収束してしまうからである．（その結果，残るのは，$6 \times 1 = 6$ である．）言い換えると，[3] の数列を無限に足してゆくと 6 になるのである．いや，より正確には 6 にどんどん近づいてゆくのである．イメージに訴えるためにさらに言葉を添えると，6 に無限に近づいてゆくのである．6 になることはないけれど，ほとんど 6 と言ってもいいほどに無限にどんどんと近づいてゆく，ということである．このニュアンスは確実につかみ取ってほしい．

　以上を簡単にまとめておこう．いま，ある数列なり数式なりが，A_n と表されていたとして，$n \to \infty$ とした場合，

① 発散

　　$A_n \to \infty$ or $A_n \to -\infty$ となって，A_n も無限大となる，あるいはマイナス方向の無限大となる（発散する）

② 収束

　　$A_n \to \alpha$ と特定の値に落ち着く（収束する）

という特徴的な 2 つのパターンがある．また，

③ 振動

　　たとえば，$A_n = (-1)^n$ や $A_n = \cos n$ などの場合は，$n \to \infty$ としても

　　A_n は収束も発散もせず，値が上下動するだけである（つまり振動する）

というパターンがある．

なお，$n \to -\infty$ のように，マイナスの無限大に飛ばすということも考えられるが，要点は上記したことと同じである．

さて，ここまででは，無限大へ飛ばす，というだけの解説であるが，n や k，あるいは x といった連続変数を特定の値に近づけるというような場合も考えられる．すなわち，$n \to \beta$ や，$\lim\limits_{n \to \beta}$ ならば，n を β に無限に（どんどんと）近づける，ということである．数学では，こうした概念を極限，あるいは極限をとる，と表現する．

$n \to \beta$ のような場合については，さらに，以下の例題を考える中で明確化してゆこう．

例題 2.3　上記してきた内容を参考にして以下を考えよ．

① まず，以下の関数のグラフを描け．
　(1) $y = \dfrac{1}{x}$　　(2) $y = \dfrac{1}{x^2}$

② 上記のグラフを参考にして，以下の極限について考えよ．
　(1) それぞれ $x \to \pm\infty$ の場合に y はどうなるかを考えよ．なお，$-\infty$ は，マイナス方向の無限大である．
　(2) x を 0 に近づけた場合，y はどうなるか考えよ．

解答　$y = \dfrac{1}{x}$ と $y = \dfrac{1}{x^2}$ の両者共に，$x \to \pm\infty$ とした場合には，グラフの形から明らかに，$y \to 0$ となる．これはすぐに見てとれるだろう．

問題は x の 0 近傍でのグラフの挙動である．$y = \dfrac{1}{x^2}$ の場合は 0 近傍でプラス方向の無限大にグラフが発散しているが，$y = \dfrac{1}{x}$ の場合には，0 近傍で一方はプラス方向の無限大に発散し，一方はマイナス方向の無限大に発散している．すなわち，挙動が異なっている．右からの極限（右＝プラス方向から 0 に近づく）と左からの極限（左＝マイナス方向から 0 に近づく）の値が異なるのである．これらをそれぞれ，右方極限，左方極限と呼び，それぞれ，$x \to 0+0$，$x \to 0-0$ と書く．

もっとも，この程度のものならば，慣れればさして問題にはならない．しか

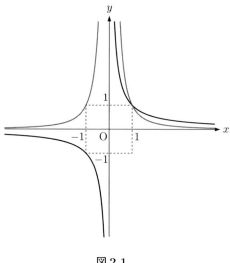

図 2.1

し，複雑化してくると，右方極限と左方極限をとる意味が明白になってくる．たとえば，非常に複雑な数式で表される現象を考えていて，ある特定のポイント（たとえば，このポイントを $x = \gamma$ としておく）での挙動がよくわからないとする．あるいは漠然と「どうやら発散しそうだ」程度しかわからないとしよう．この場合，$x = \gamma$ 近傍に右から，および左から接近する極限をとることで $x = \gamma$ での状況を知ることができる．すなわち，$x \to \gamma + 0$ と $x \to \gamma - 0$ を行う．その結果，右からならばマイナスに発散するが，左からだとプラスに発散する，ということが明白になるかもしれない．プラスに発散するのとマイナスに発散するのとでは，まさしく現象としては真逆である．この真逆のことが，γ 近傍で生じているのであれば，詳細に分析して最大限の注意を払わなければ取り返しのつかないミスに繋がる可能性がある．

　あるいは，こういう場合もある．——右側から $x = \gamma$ に接近する場合と左側から $x = \gamma$ に接近する場合で収束する値が異なる，という場合である．たとえば，図 2.2 のグラフのように，$x = \gamma$ で不連続になっているような場合である．

　以上は，簡単に次の 2 点にまとめられる．すなわち，

① 極限には，最初に記した以外に，特定の値，たとえば $x = \gamma$ に接近するような場合もある．

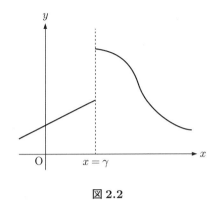

図 2.2

② その場合，右から接近するか左から接近するかで値が異なる場合がある．ということである．

　以上，より高度な数理的・数学的な判断および推測について述べた．これらは通常の（従来型の）数学の教科書では，より厳密に極限の概念として展開されるものであるが，大方，上記してきたことで話は尽きている．

　要点は，自分の頭を信じてしっかりと常識的に考えることである．暗記しようとするのではなく，あくまで頭を使って考えるのである．すると自ずと当たり前の結論へと落ち着くはずである．

2.2　無限と数列の応用例，そして資本主義

(a)　乗数効果の理論

　ここでは「乗数効果」なる概念を紹介しよう．テレビで国会中継を見ていると，よく「乗数効果はいくらか？」などという言葉が飛び交っている場面があるが，あの「乗数効果」である．また，後半ではこの理論を援用して「減税乗数」なる概念も導入する．

　乗数効果とは，端的に述べると，国が投入した資金が最終的にどれくらいの経済的な効果をもたらすかを概算するための理論 (方法) である．

　たとえば，国がある団体（あるいは大企業）に 1,000 億円の仕事を発注した

とすると，その経済効果は，1,000億円に留まるようなものではない．まず，その団体（人企業）は自らの下請け（もしくは関連企業）に発注を出すであろう．で，その下請けは，さらにその下請けに発注を出すであろう．さらに末端に行けば，末端の企業はこれを従業員の給料として仕事をするであろうし（もちろんどの段階でも従業員の給料は発生している），従業員は自らの給料のいくらかを町々で消費に使い，それによって企業は収入を増加させ，その収入のいくらかを使うであろう．さらにさらに···，となる一連の過程が想定される．つまり，最初の1,000億円は，方々に波及して個々の段階で個々の企業とその従業員の所得となってゆく．従業員は従業員で消費活動を行うことでまたグルリと廻って企業の収入を増加させる．

　こうした一連の過程を以下のように単純化してモデル化しよう．すなわち，各段階で1割を蓄財し，9割を下部の段階に（次の段階に）仕事の発注を通して流すとする，あるいは何か財の購入に充てるとする．これが延々と続く（波及する）としてみよう（実際には延々とは続かないのだが，延々と続くと想定できるほど無数にこうしたことが生じると想定することは自然である）．すると図2.3のようになる．

　企業Aは1割(0.1)を取り分とし，9割(0.9)を企業Bに仕事の対価として支払い，企業Bは同じように1割(0.1)を取り分とし，9割(0.9)を企業Cに仕事の対価として支払い···としてゆく（ちなみに，この図2.3では企業しか

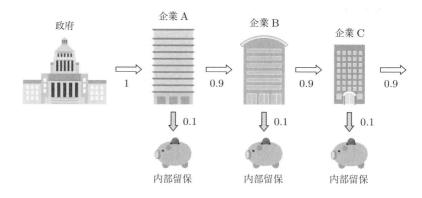

図 2.3

書かれていないが，途中に個人が入り込んでも同じである）．この場合，最初の企業 A の所得を 1 とすると，すべての過程の所得 S は以下のように表される．

$$S = 1 + 0.9 + 0.81 + 0.729 + \cdots$$

$$= 1 + (0.9)^1 + (0.9)^2 + (0.9)^3 + \cdots$$

これは，明らかに等比数列の和である．この和を第 n 項まで求めると，$S = 10\{1 - (0.9)^n\}$ である．したがって，この過程が充分に長く（多く）続くとして $n \to \infty$ の極限をとると，

$$S_\infty = \lim_{n \to \infty} 10\{1 - (0.9)^n\} = 10$$

となるので，総所得（各段階で生じた所得の合計）は投入した 1,000 億円の 10 倍となる．この場合，乗数効果は 10 である．すなわち，1,000 億円のプロジェクトは巡り巡ってトータルで 1 兆円の所得を作り出すことになるのである．ここで注意してほしいことは，このモデルには，収入が増えたので気分がよくなっていつもより高いランチを食べたとか，このプロセスと直接的に関係しないルートで増えた収入とかは加算されていないということである．このモデルは，最初に投入された 1,000 億円による流れだけをピックアップしてそれのみを追いかけているのだ．

　さらに，所得の 1 割を税金として国に収めるとすれば（この設定だと内部留保はなくなるのだが，簡単化のため，とりあえずこのいささか理不尽なモデルで考えよう），企業 A が収める税金は，1×0.1 で，企業 B が収める税金は 0.9×0.1 で，企業 C が収める税金は $0.9 \times 0.9 \times 0.1$ で$\cdots$，となり，すなわち，一連の過程で国に収められるトータルの税金 S_{tax} は，

$$S_{\text{tax}} = [1 \times 0.1] + [(0.9) \times 0.1] + [(0.9)^2 \times 0.1] + \cdots + [(0.9)^{n-1} \times 0.1]$$

$$= [1 + (0.9) + (0.9)^2 + (0.9)^3 + \cdots + (0.9)^{n-1}] \times 0.1$$

$$= 10[1 - (0.9)^n] \times 0.1 = 1 - (0.9)^n$$

である．$n \to \infty$ ならば，$\lim_{n \to \infty} [1 - (0.9)^n] = 1$ なので，政府は 1,000 億円を投入して 1,000 億円を税金として回収するということになる．——で，前述のごとく，このモデルだと取り分の 1 割の内部留保が税金として国にめしあげられて

しまって，あまりにも理不尽すぎるので，0.1 割を，つまり，0.01 を税金とし
て回収するようなモデルならば，同じことを 10 回繰り返せば最初の 1,000 億
円は 10 回目で回収できて，2 回目に投入した 1,000 億円は 11 回目で回収でき
て…，ということになる．

以上が「乗数効果の理論」である．これはケイン
ズ[1]が導入し，アメリカのニューディール政策の根幹
にあったとされる考え方である．また，このモデル
はそれなりに現実をうまく反映して機能する．一般
的にマクロ現象の経済学理論（モデル）はそれなり
に現実を反映する傾向にあるが，それは，マクロの
場合は，細かい些末な現象が統計的に均されてしま
うからである[2]．

John Maynard
Kaynes (1883-1946)

> **問 2.5**　上記のように，それぞれ 0.9 を順々に下請け（関連企業）に流してゆくモデ
> ルの場合の乗数効果は 10 であったが，それぞれ 0.8 を順々に下請け（関連企業）
> に流してゆく場合の乗数効果はいくらになるだろうか．

さらに，この手法（発想）は以下のような場合にも適用（応用）できる．た
とえば全体で 1 兆円の減税が行われたとしよう．この場合，各企業，各消費者
は減税で浮いた分の 0.6 を消費にまわし，0.4 を貯蓄にまわすと仮定する（ま
た，そこから派生して発生した所得についても 0.6 を消費に，0.4 を貯蓄にま
わすと仮定する）．すると，図 2.4 のような全体的なプロセスを想定することが
できる．

この場合，一連のプロセスで消費にまわされるお金の総量 S は，

$$S = (0.6) + (0.6)^2 + (0.6)^3 + \cdots + (0.6)^n$$

$$= \frac{3}{2} - \frac{5}{2}\left(\frac{3}{5}\right)^{n+1}$$

---

[1] ジョン・メイナード・ケインズ (John Maynard Keynes, 1883〜1946) はイギリスの哲
学者・経済学者．今日，彼の経済学は「ケインズ経済学」と称される．主著は『雇用・利子
および貨幣の一般理論』である．

[2] 物理学の場合，マクロの理論（古典理論）とミクロの理論（量子力学）の間には様々なギャッ
プがあるが，経済学でも同様である．経済学理論の場合はミクロの集合体がマクロであると
して理論を敷衍すると現実とはまったくそぐわない結果となる．これは一般的に「合成の誤
謬」と称される現象である．

第 1 段階　　　　　　　　第 2 段階　　　　　　　　第 3 段階

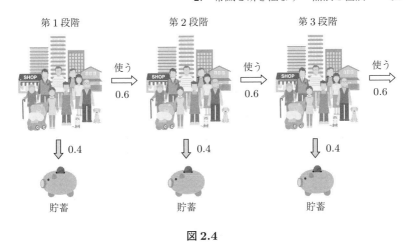

図 **2.4**

となるので，$n \to \infty$ の極限をとると，$\displaystyle\lim_{n\to\infty}\left[\frac{3}{2}-\frac{5}{2}\left(\frac{3}{5}\right)^{n+1}\right]=\frac{3}{2}$ とな

り，1 兆円の減税はトータルで $1\,$兆円 $\times\,\dfrac{3}{2}=1.5\,$兆円 の効果を及ぼすと概算

できる．ちなみに，ここで得た $\dfrac{3}{2}$ を減税乗数と称し，減税をした場合にどれ

くらい消費が増えるか（あるいは増えないか）について概算するために用いら

れる．言い換えれば，どれくらい減税の効果があるかを見積もる数値である．

　その他にもこの手法の適用例は多々あるのだが，詳細は経済数学の専門書に

あたってほしい．もっとも，纏っている衣が異なっているだけで本質はこれで

尽きている．さらなる詳細は，練習問題 *2-6* の（2）（3）に類題を挙げておく

ので確認してみてほしい．

(b)　資本主義という無限システム

　ところで，ご存じのことと思うが，現在，金利は軒並み，各銀行とも極端に

低くなっていて，普通預金の金利は 0.001% 程度である（2020 年 2 月現在）．定

期預金になればもう少しは上がるが，史上最低であることは推して知るべしで

あろう．これが何を意味するかは，上記の数学的考察だけにとどまらない．

　まず，銀行がどのように金利を設定するかについて，原理原則的に考えてみ

ると，事は非常に深刻であることに気が付く．

　まず，銀行が行う業務はお金の貸し借りの 2 つであることに注目しよう．

細々とした他の業務もあるだろうが，主たる業務はこの2つである．まずは，借りる（銀行側が）場合についてである．端的に述べると，われわれの預金は銀行にとっては預金者への借金である．言い換えれば，われわれの通帳に記載された預金の残高は銀行にとっては預金者に対する借金の証文ということになる．銀行はこの預金に（銀行にとっての借金に）利子を付けなければならない．

　一方，銀行はお金を貸すという業務も行っている．この場合は銀行側が債権者である．銀行でお金を借りた側（債務者）は，この借りた額に金利分を上乗せして銀行に借金を返すのである．—図2.5を参照のこと[3]．

　銀行の利益は，基本的に ③ からのものである[4]．この ③ に付いてくる利

---

[3] なお，ここで，銀行による貸し出し（融資）は，人々が銀行に預金することによって銀行に蓄積された現金とリンクしているわけではないということは是非とも強調されなければならない．原理原則的に，銀行は手元にまったく現金がなくても融資可能である．銀行はその機能からして無から貨幣を産むことができるのである！　驚くべきことであるが，これは事実であるし，実際に現在進行形で銀行が行っていることでもある．資金を融資するには，融資先の通帳に貸し付ける金額の数字を記載するだけである．記載した瞬間に借り手側には記載された数値だけの貨幣が出現し，貸し手側にも貸しただけの貨幣が出現する．これが信用創造と称される機能で，特に数字を記載することで出現する貨幣を万年筆マネーなどと称することもある（もちろん，現物たる現金を貸し付ける場合でも貸し手側に貸し付けた額と同額の貨幣が出現するので，信用創造＝万年筆マネー，というわけではない）．

　近年，MMT (Modern Monetary Theory) なる理論が議論の俎上に挙がるようになり，こうした機構が（本当は当たり前の機構が）徐々に明瞭になりつつある．—主流派の経済学はこうしたMMTの理論をまったく認めていないが，MMTが述べるこの機構は真実である．現実がこの理論の正しさを裏打ちしている．

　筆者の専門に近づけて述べれば，この変化は認識論的には非常に自然なことである．世界を認識する道具としての物理学の理論は，実体概念の認識から関係概念の認識へとその機能を変化させていった．

　貨幣の認識論的な変化もまた，この進展とパラレルである．かつては，金という実体とリンクし，金と兌換するものが貨幣であったが（ということは，かかる貨幣とは金の借金の証文ということである），まずはこのリンクが切れて兌換が不換となる．しかし，その後もしばらくは（おそらくは現在もそう思われているであろうが），金とのリンクが切れただけで実物としての貨幣の存在は実体的に価値を現しているかに認識されていた．そしてそれが財の価値を現しているかにも思われていた．ところが，これもまた虚妄にすぎないと認識されるに至るのである．すなわち，貨幣とは結局のところ数字であると ⋯．MMTという理論の出現は貨幣が関係性であるということを理論的にはっきりと示すものでもある．

　物理学は（量子力学は），理論と実体との遊離によって理論が存在を描くことを放棄する結果となっている．であれば，認識論的にあまりにもパラレルな発展を辿っている貨幣は，さらに現実という軛を逃れ，より高度で抽象的な何かへと変化してゆくこととなる未来を予感させる．貨幣は存在論なき認識論である．かくして，貨幣は，量子が存在論なき認識論であることとパラレルに哲学的に第一級の問いとして新たな装いを纏ってわれわれの眼前に立ち現れることになるのである．

[4] 融資を行った瞬間に貸し手側にも同額の貨幣が生じるのであれば，この出現した貨幣を預金者の支払いに用いればいいように思われる．もちろんそうしてもよい．しかし，借金の証文

① 預金　　② 融資　　④ 利子　　③ 返済（利子付き）

図 2.5

子を見込んで ④ の利子を設定するのである．ということは原則的に ③ の利子は ④ の利子より大きくなければこのサイクルは成立しない．もっとも，お金は天下の廻り物であるからより根本的にはグルグルと相互依存する関係性にあるのだが，とりあえず，基本的なことは ③（の利子）を見込んで ④ を設定するということに間違いはない．—ということは，④ が極端に低いということは ③（の利子）が極端に低いということを意味するのである．さらに根本的に考えると，③ を支えるのはその国の（社会の）経済成長なのだから，④ の低下は経済成長率の低下そのものである．というか，経済が成長しないから利子が付けられないのである．

　これだけでも充分に深刻な事態であるが，これはさらに根本的に深刻な事態を暗示してもいる．そもそも，資本主義社会は，成長を前提にしたシステムだということである．金利が極端に低くなるということは，前提にされていた成長が止まっていることを意味している．いや，縮小していることすら意味している．現に，日銀の当座預金の金利はマイナスである！　それに，金利分は，諸々の手数料で吹き飛んでしまって実質上マイナスになってしまう場合すらある．かくして，事態は，より深刻さを増して，資本主義が終焉にさしかかっているのではないか，という問題を惹起することとなるのである．

　しかし，考えてみるに，これはほとんど当たり前の，生じるべくして生じた

たるこの貨幣は債務者が返済をすると消滅してしまうことも考慮しなければならない．債権者は，原理的にはこの債権を売ってしまえば自らが貸し付けた債務とのリンクが切れるから自らの貨幣が消滅することはないが，今度は売った先で同様のことが生じる．債権者が変わっただけで，トータルでは何も変化していない．貨幣の現象は，基本的にはゼロサム・ゲームなのであり，結果的にどこかをマイナスにして利子を支払うことになる．この巨大な債務の引受先が国家なのであり，日本国政府の巨額の国債（マイナス）の正体とは結局のところ，民間が有する巨額のプラスに他ならないのである．したがって，論理的に国債の償還とはすなわち，民間の資産の消滅を意味することとなる．この帰結は非常に重要である！

問題だったのである．というのも，資本主義というのはそもそも無限に拡大を
続けることを前提にしたシステムだということである．ところが，無限に拡大
するためには，もうひとつの無限が前提にされなくてはならない．大地の無限
である．

近代経済学が建ち上がった頃は，確かにその経済規模と比較して大地を無限
と仮定しても問題はなかった．だが，大地は明らかに無限ではない．昨今の経
済成長率の鈍化は，とりあえずは社会経済的な問題（あるいは現象）である．
しかし，より根本的には，文明の臨界点における自然現象かもしれないのであ
る．すなわち，これ以上の成長は大地の有限性からして不可能である，という
臨界点である．有限なものの上に無限なシステムを構築したその根本的矛盾の
露呈なのではないか，ということである．もちろん，これは，筆者の見立てに
すぎないが，いずれにせよ，資本主義が頭打ちしている可能性があることは事
実であろう．にもかかわらず，人類は，いまだ資本主義に代わる新たなシステ
ムを見出せていない．われわれは重大な文明の岐路にさしかかっている．

3.　社会科学に現れる極限の概念—その定性的解説

本節では，極限の概念がどのように社会科学において適用・応用されるかに
ついて簡単に解説しておこう．

いま，ある社会現象があって，この現象が，数学的な関数として表されてい
るとする．具体的には，たとえばある財の価格であったり，供給量であったり，
あるいは人口や従業員数など，様々に考えられる．ともあれ，この関数が，時
間を変数として $y = f(t)$ と書かれたとする．通常，社会現象としての量や数
は，はじめは不安定な状態であったとしても，時がたつにつれて徐々に安定的
に推移するようになるものである．たとえば，ある商品の値段が市場に出た最
初の頃は，高くなったり低くなったりと不安定でも，やがて市場で確固とした
地位を得るに従って安定してくる．では，どこで，どの程度の値で安定すると
予測されるのか？　この予測を得るために，$t \to \infty$ の極限をとるのである．充
分に時間が経過すれば，$y = f(t)$ はどうなるか？　ということである（ここで
$t \to \infty$ は，充分に時間が経過したことを意味する）．実際にこれを行ってみて，

$\lim\limits_{t \to \infty} F(t) = \alpha$ となったとすると，少なくともこれは，この理論下では α という特定の値に収束すると予想されるのである．逆に，$\lim\limits_{t \to \infty} F(t) = \infty$ と発散してしまえば，この現象は少なくともこの理論下では非常に不安定である，と解釈できる．

　なお，この理論下では，という言葉をわざわざ付けたのには訳がある．本来，こうした社会現象を数理的に予測することにはそもそもの限界があるからである．また，その関数で表される社会現象の挙動は，半年とか 1 年とか，長くとも 1，2 年程度という限られた時間幅で成立するにすぎない場合が多い．その場合，$t \to \infty$ などという極限をとることにどれほどの意味があるか，ということであるが，これこそがまさしく，この理論下では，あるいは現状を外挿してゆくとどうなるか，という条件が付与されざるを得ない理由なのである．

　社会科学，特に経済学や経営学は今世紀に入って急速に数理化・数学化されてきた．特に経営学は，経済学から派生してここ 30 年程度で急速に台頭してきた．しかし，その理論，特に数学化された理論がどの程度有効であるかについては様々に議論がある．筆者は，実はそれほど意味のあるものだとは考えていない．——詳細は第 8 章で述べることになるが，率直に述べてしまえば，実は非常に懐疑的ですらある．

　ところで，こうした数学化は，もっぱらアメリカの経済学者によって強力に推進されたものであった．その根底には，経済学を（あるいは経済学を代表とする諸々の社会現象を）自然科学のように普遍的な理論でもって記述・認識しようとする意図があり，そうした思想が昨今のグローバリズムの根底にあるものである．しかし，人間が文化的な存在であってみれば，その人間が作り上げる社会も文化的な出自から自由になることはない．

　ところが，経済学や経営学は，普遍性を主張するがあまり，この差異を等閑視するのである．しかし，経済活動はその社会状況と不可分である．かくして，経済学や経営学では，不可思議なことが生じることになる．通常，自然科学であれば，理論と現実が合致しなければ，理論が不充分であると考える．これはほとんど当たり前の思考であろう．しかし，経済学や経営学では，もちろん比較の問題ではあるが，理論と現実が合致しなかった場合，現実を理論に合わせ

て改変しようとする動きが必ず巻き起こるのである．繰り返すが，これはもちろん，程度問題である．場合によっては現実を変えることも必要ではあろう．しかし，この20〜30年，経済学は，あるいは経営学は，積極的に現実を己の理論に合致せしめることに邁進した側面があまりにも強い．これが，我が国を席巻した数多の改革騒動の根底にあったものである[5]．

　なお，この一連の動きへの反動が昨今生じているEUの崩壊であり，アメリカの保護主義化なのである．——と本書では述べるにとどめておこう．この先は読者自ら勉強されたし．

　しかし，多少なりとも論理的に考えてみてほしい．もし経済学が，そして経営学が完璧になり，ほとんど物理学のように数学的に理論化できたとする．するとどうなるか？　その瞬間にわれわれの世界はピタリと動きを止めてしまう．それはちょうど100%の確率で当たる競馬の予想屋がいる状態のようなものである．この場合，もはや競馬は競馬にならない．同じように社会は想像もできない，今とはまったく様相を異にする社会へと変貌するだろう．理論に忠実に行動すれば確実に経済成長し，儲けも出て，というのであれば，素晴らしいことのように思ってしまう．しかし，これがまったくの死の世界（ディストピア）であることは容易に想像できるだろう．究極の，極めつけに計画的で，決定論的な世界の出現である．だが，そもそも社会は理論化可能なものであろうか？　ましてや数学などという一面的な道具で理論化できるほど単純なものなのだろうか？

　おおよそ「理論化」にはこうした問題はつきものではある．自然科学の理論であっても，原理的に決定論であるか非決定論であるかは究極の問いである．とりわけ，社会を対象とした理論の場合は，問題がより鮮明で深刻になる．「すべての理論は灰色である」というゲーテ[6]の言葉は，まことに真実であるとし

---

[5] たとえば，規制を緩和して新規参入しやすい状態を作れば競争が生じて経済が活性化し，結果として景気がよくなる，などという話はよく言われることであるが，本当にそうだろうか？　この背後には需要と供給は必ず一致する（平たく述べると，作ったものは売れる）というセイの法則なるものがある．紙幅の関係でこれ以上は述べないが，これについても常識的によくよく考えてみてほしい．自ずと結論が出てくるはずであろう．

[6] ゲーテ（Johann Wolfgang von Goethe, 1749-1832）は，ドイツの文豪．『ファウスト』『若きウェルテルの悩み』『ヴィルヘルムマイスター』『イタリア紀行』などで知られる．また自然科学にも造形が深く，形態学，色彩論などの研究は今日でも根本的な問いを発し続けている．特に『色彩論』はニュートン光学への攻撃として現在でも高く評価されている．

Johann Wolfgang von Goethe (1749-1832)

か言いようがない.

　さて，筆者は，ここに，経済学や経営学に使われる数学がさも意味が薄いかのように書いた．しかし，読者は社会科学，とりわけ経済学と経営学のために数学を学んでいる．この矛盾にどう答えを出すか？　これを読者に課す大問題として提示することで本章を閉じようと思う[7].

　なお，この問題については，本書の第8章で詳細に考察することにする．意欲的な読者は，このまま先に第8章の第1節と第3節を読んでみることを勧める（第2節は微分法を学習してからの方が理解しやすいであろう）.

　なお，本文中の「すべての理論は灰色である」の全文は，「友よ，すべての理論は灰色である．緑なのは，生命の黄金の樹のみである（Grau, teurer Freund, ist alle Theorie. Und grün des Lebens goldner Baum.）」で，ゲーテの戯曲『ファウスト』の中でメフィスト（悪魔）がファウストに向かって述べる有名な台詞である．ここで，理論とは広く科学全般を指すが，直接的にはニュートンの物理学が念頭にあったとされる.

[7] こう述べると，「経済学や経営学の理論は確率的なものである，したがってそのような決定論的な言動は無意味である」という反論を受ける．しかし，これは確率の意味をよくよく考えていない証拠である．確率的・統計的であったとしてもそれはやはりその範疇で決定論的なのである．確率2分の1ならば，100回やれば50回程度は成功する，と決定論的に判断可能だからである．そしてそれが正しければ確実にそうなるであろう.

練習問題

2-1 数列 2, 5, 8, 11, 14, 17, ... について,

(1) 一般項 a_n を求めよ.

(2) 第 1 項から第 m 項までの和を求めよ.

2-2 数列 $1, -\dfrac{1}{3}, \dfrac{1}{9}, -\dfrac{1}{27}, \dfrac{1}{81}, \ldots$ について,

(1) 一般項 a_n を求めよ.

(2) 第 1 項から第 k 項までの和を求めよ.

(3) $k \to \infty$ の極限をとると和はどうなるか答えよ.

2-3 数列 $1, \dfrac{1}{2}, \dfrac{1}{4}, \dfrac{1}{8}, \dfrac{1}{16}, \ldots$ について,

(1) 一般項 a_n を求めよ.

(2) 第 1 項から第 k 項までの和を求めよ.

(3) $k \to \infty$ の極限をとると和はどうなるか答えよ.

2-4 数列 $-3, -1, 3, 9, 17, \ldots$ の一般項 a_n を求めよ.

2-5 数列 $6, -3, \dfrac{3}{2}, -\dfrac{3}{4}, \dfrac{3}{8}, -\dfrac{3}{16}, \ldots$ について,

(1) 一般項 a_n を求めよ.

(2) 第 1 項から第 r 項までの和を求めよ.

(3) $r \to \infty$ の極限をとると和はどうなるか答えよ.

2-6

(1) 国家が 1,000 億円のプロジェクトを発動した. 各企業は, 0.3 を取り分として 0.7 を関連企業に流してゆくというモデルの場合の乗数効果を求めよ.

(2) 1 兆円の減税が行われた. 各企業, 各個々人は減税された分の 8 割を消費に回し, これを受け取った方もまたその 8 割を消費にまわし・・・, というプロセスが生じると予想された. この場合, トータルの消費は, 減税分に対してどれほど増加すると予測されるだろうか.

(3) (2) と同様の設定で, 減税分のどれだけの割合を消費にまわすと減税分を超える消費になるか, その臨界値を求めよ.

3

関数を微分するということ

　本章では関数を微分するとはどういうことかについて学ぼう.

　微分積分というと，難しいものの代名詞のようになっている感があるが，概念自体はいたって単純そのもので難解なものではない.

　微積分のことを広義に解析学と呼ぶことがあるが，解析学の理論体系は極めて論理的にできている. まったく論理的な飛躍なく非常に簡単なことから始めて，高度に抽象的な微積分の概念を構築することが可能なのである. 大学の教養課程で微積分を学ぶ意義は，この美しい論理性を体感することにこそある. 学習者が心しなければならないことは，間違っても暗記しようなどと思わないことである. どういう論理性なのかを理解することに努めること.

　もちろんこれは数学だけに限ったことではない. おおよそ，暗記しようなどと思っていては，人間の創り上げた文化の豊穣さは永遠に体得不可能であろう. つまり，大学で学ぶ意味などまったくない，と言わざるを得ない.

　さて，では，微分の話を始めよう！

1.　微分の定義——直線の傾きから

　微分の話を始めるにあたって，誰でも知っているありふれた話から始めよう.

　読者は，車に乗ったことがあるだろう（当たり前だ！）. で，問題はその車の
スピードメーターである. メーターが 40 km を指せば，これは時速 40 km で
走行している，ということである（また当たり前の話だ！）. では，このほと
んど当たり前の話をもう少しかみ砕いてみよう. 時速 40 km ということは，そ
のまま 1 時間走ればその場所から 40 km 移動できる，という意味である（また
また当たり前の話だ！）.

　ということは，高速道路を使って 100 km 離れた町へ行く場合，家を出てから
1 時間後に着いたとして，時速は何 km かと問われれば，もちろん時速 100 km
である. ——がしかし，時速 100 km だ，という言い方には若干のごまかしがあ
る. 正確には，平均時速 100 km（だった）というべきなのである. 正確に寸
分違わずずっと時速 100 km で走ることもあるだろうが，途中に渋滞もあって
時速 50 km に落ちることもあるだろうし，スイスイと流れていて気が付いたら
時速 120 km になってしまっていて，慌ててアクセルを緩める，などというこ
ともあるだろう（お巡りさんゴメンなさい）. したがって，やはり，平均時速
が 100 km であった，というべきなのである.

　さて，いまここで，家からの移動距離 y が，時間 t の関数として $y = f(t)$ と
表記されたとする. 平均時速 100 km ということは，$t = 1$ 時間をインプットす
ると，$y = 100$ km とアウトプットされる場合である.

　この関数が図 3.1 のようにグラフ化されているとする.

　繰り返すが，平均時速 100 km ということは，図 3.1 に示したとおり，1 時
間で 100 km を移動した，ということである. つまり 1 時間の時間幅でみた場
合，その幅で平均 100 km ということである. では，この時間幅を 0.1 時間の
幅で 10 等分して考えてみよう. すると，最初の 0.1 時間幅では，時速 100 km
だったが，次の 0.1 時間幅では時速 70 km だった，で，次はもっとゆっくりに
なって 50 km だった···，といった具合に，より精度の高い情報が得られる.
つまり，より時々刻々と変わる車のスピードを再現することが可能になってく
る. だが，これもまだ時間幅 0.1 時間の平均速度にすぎない. より時々刻々の

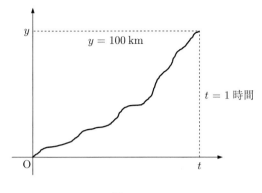

図 3.1

情報を得ようとすれば，時間幅をさらに小さくする以外にない．つまり，今度は 0.01 時間の幅にする．しかし，これでも 0.01 時間という幅なので，さらに詳細を得ようとすれば，0.001 時間幅に，0.0001 時間幅に，0.00001 時間幅に，0.000001 時間幅に⋯，とどんどん幅をせばめてゆき，より瞬間に近い状態にすればするほどその瞬間に近い時点でのスピードを導出することができる．

この時間幅を小さくしてゆく操作が極限にあたる．数学的に書けば，時間幅を Δt として，$\Delta t \to 0$ という極限をとることに相当する．実際，ある時間幅 Δt で距離を Δy だけ移動したらその時間幅での車のスピードは，$v_{\Delta t} = \dfrac{\Delta y}{\Delta t}$ で与えられる．ということは，ある瞬間のスピード v は，数学的に $v = \lim\limits_{\Delta t \to 0} \dfrac{\Delta y}{\Delta t}$ で導出されるということである．実は，これが微分なのである．すなわち，いささか先走りして結論から述べると，家からの移動距離 y を時間の変数で表した関数 $y = f(t)$ を微分すると時々刻々と変化する自動車の瞬間速度が得られるのである．

ところで，いくらか唐突に導入された $\dfrac{\Delta y}{\Delta t}$ についてもう一度しっかりと考えてみよう．Δt は時間幅で，Δy はその間の移動距離であった．これを $y = f(t)$ のグラフ上に描いてみると，図 3.2 のようになる．

つまり，図からわかるように，$\dfrac{\Delta y}{\Delta t}$ とは直線 L の傾きに他ならない．ということは，この状況で Δt の幅を小さくしてゆく，つまり $\Delta t \to 0$ とするということは，直線 L は，$y = f(t)$ 上のある 1 点に接する接線ということになり，

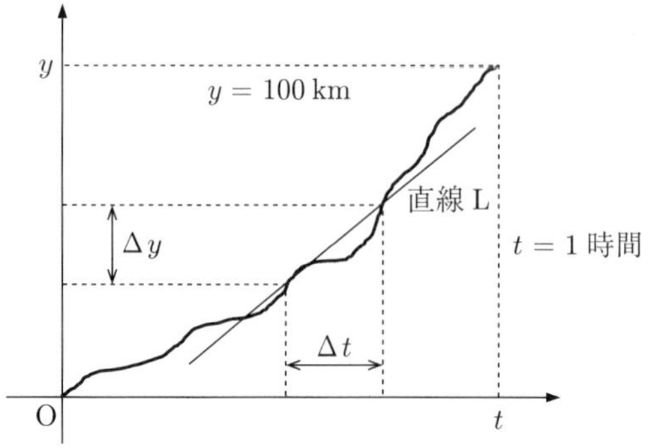

図 3.2

$\Delta t \to 0$ を行うということは，かかる接線の傾きを求めている，ということになる．そしてこれがまさしく微分という数学上の操作に相当するのである．

さて，では話を一般化して微分を定義しよう．

いま，一般的な関数 $y = f(x)$ があったとする．われわれは，この関数のグラフに接線を引き，その傾きを求めたいのである．なぜならそれが微分する，ということだから．

そこで，まず，ある特定の点 P について注目して，この点 P の x 座標を x_P とする．点 P の x 座標が x_P ならば，y 座標は，$f(x_P)$ となるはずである．われわれは，この点 P $:(x_P, f(x_P))$ に接線を引いてその傾きを求めたいのである．しかし，いきなり，ここに接線を引くとなると難しいので，x 軸上に幅 h をとって，新たに点 Q をとり，まずは，この 2 点間の傾きを求めることから始める．点 Q の x 座標は，設定上，$x_P + h$ なので，対応する y 座標は，$f(x_P + h)$ となる．すなわち，P $:(x_P, f(x_P))$ と Q $:(x_P + h, f(x_P + h))$ の 2 点間についてまず考える．図 3.3 を参照のこと．

直線 PQ の傾きは，$\dfrac{f(x_P + h) - f(x_P)}{h}$ となる．これより点 P での接線の傾き s_P を求めるには，幅 h をどんどん縮めてきて 0 に近づける極限をとればよい．この際，幾何学的には（グラフ上では），点 Q が点 P に漸近的にどんどんと無限に近づいてくることになる．かくして，点 P での接線の傾き s_P は，

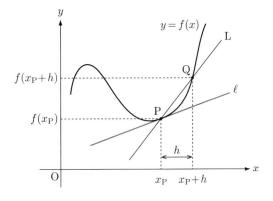

図 3.3

$$s_{\mathrm{P}} = \lim_{h \to 0} \frac{f(x_{\mathrm{P}} + h) - f(x_{\mathrm{P}})}{h}$$

である—これを微分係数と呼ぶ.

　いま, s_{P} を求めるために, $f(x_{\mathrm{P}})$ と $f(x_{\mathrm{P}}+h)$ のようにあらかじめ具体的な数値 (x 座標の値) である x_{P} を先に関数に入れてから操作を行ったが, これは, もちろん後でもよい. つまり, 先に特定の x_{P} ではなく, 一般的に x 全般に対して上記の操作と同様のことを行った後に具体的な x_{P} を代入して s_{P} を求めるのである. すなわち, 先に, $\lim_{h \to 0} \dfrac{f(x + h) - f(x)}{h}$ として新しい関数 $f'(x)$ を導出し, しかる後に $f'(x_{\mathrm{P}}) = s_{\mathrm{P}}$ とするのである. ここで, $\lim_{h \to 0} \dfrac{f(x + h) - f(x)}{h}$ として新しい関数 $f'(x)$ を導出することこそが関数を微分すること, 別の言い方だと導関数を求めることなのである. つまり,

$$f'(x) = \lim_{h \to 0} \frac{f(x + h) - f(x)}{h}$$

が関数 $f(x)$ を微分する (導関数を求める) 定義式である. —$f'(x)$ を $f(x)$ の導関数, そして導関数を求めることを「微分 (微分する)」と言う (ひっくり返して言えば, 微分すると導関数が求められる).

　かくして, われわれは, 非常に簡単な論理展開で微分を定義するに至った. 微積分学の (解析学の) 威力は, この定義式に当てはめればいかに難解で複雑な数式であっても微分することができるということである. もともと微分不可

能でないかぎり，1つとして例外はない（微分の不可能性については，インター
リュードI.2 で簡単に述べる）．また，いくらか先走って述べておくと，微分を
定義することで，同時にその逆演算として積分も定義できる（詳細は積分の節
で述べることとなる）．

　なお，この記述は 100％数学的に厳密な記述にはなっていないことを付記し
ておく．特に，微分係数と関数の微分の違いはかなり雑であるということも正
直に述べておく．ただし，厳密さを心がけて超難解になってしまわないように
心がけた結果がこれであることも付記しておきたい．きっちりかっちりと厳密
に理解したい読者は高木貞治，『定本 解析概論』（岩波書店，2010）などを参照
してほしい．

> **問 3.1**
>
> (1)　関数 x^2 を定義式に当てはめて微分せよ．
>
> (2)　関数 x^3 を定義式に当てはめて微分せよ．
>
> (3)　関数 x^5 を定義式に当てはめて微分せよ．
>
> (4)　関数 x^n を定義式に当てはめて微分せよ．（二項展開を用いること．二項展開
> は，第4章の本文中の最後に記載してある．）

2.　接線の傾きとグラフの形状

　微分係数とはその曲線上に引いた接線の傾きのことであった．ということ
は，傾きが急であったり緩やかであったりということは，そのポイントでのグ
ラフの状態を示していると解釈できる．これはちょうど，本章の最初に例示し
た車のスピードに相当するものである．抽象的なただのグラフの場合は，この
スピードに相当するものをどのような言葉で述べるべきかなかなか難しいのだ
が，いわば，そのポイントでのグラフの勢いのようなものである．傾き5（x 方
向に1行くと y 方向に5上がる）は傾き3（x 方向に1行くと y 方向に3上が
る）よりも上昇の傾向が顕著で急激である．また，傾きがマイナスなのであれ
ば（たとえば，傾きが -5 なら x 方向に1行くと y 方向に5下がっている），グ
ラフは下降しており，このマイナスの値が大きければ大きいほど下降の傾向が
顕著で急激であるということがわかる．すなわち，微分係数を調べることで，

グラフの形状を推測できる，ということである．もちろん，実際にグラフを描いてしまえばこれに勝るものはないが，中には正確に描くことが困難な場合もあって，そうしたときには特にこの手法が威力を発揮する．

高校の数学ではこうしたグラフの変化の状況をいわゆる増減表でもって定量的かつ定性的に解説する．しかし，仰々しく増減表などを作らなくとも感覚的に理解可能である．たとえば，$y = x^2$ という単純な 2 次関数を考えてみよう．まず，視覚的にグラフを眺めるところから始めよう．

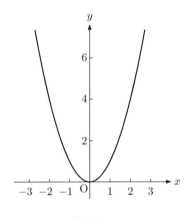

図 3.4

ここから直ちにわかることは，$x = 0$ で接線の傾きが 0 となるであろうということと，その $x = 0$ を境にして，x がマイナスの領域では接線の傾きがマイナス，つまり関数は減少していること，x がプラスの領域では接線の傾きがプラス，つまり関数は増加しているということである．

実際に，$y = x^2$ を微分して $y' = 2x$ であるから，確かに，$x = 0$ で微分係数は 0，つまり，接線の傾きは 0 で，x がマイナスなら微分係数もマイナス，x がプラスなら微分係数もプラスである，ということだ．

同様のことを 3 次関数 $y(x) = x^3 - 3x + 1$ でも確かめてみよう．まず，グラフの概形を描いて視覚的に確認しよう（図 3.5）．

グラフの形状からわかることは，幅 α の範囲で関数が減少していることと，その外側では増加していることである（グラフに添えた矢印のごとくである）．いわゆる増減表は，この視覚的に当たり前のことを表として表現しているにすぎない．

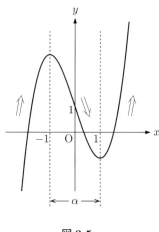

図 3.5

実際に，確認しよう．

まず，微分して導関数を求めると，$y'(x) = 3x^2 - 3$ である．導関数がイコールゼロとなるポイントで接線の傾きが0となるはずなので，$y'(x) = 3x^2 - 3 = 0$ となる点を求めて，$x = \pm 1$ を得る．すなわち，幅 α はこの -1 から $+1$ の間である．事実，$x = 0$ をこの導関数に代入すると，$y'(0) = -3 < 0$ となってマイナスとなる．すなわち，この領域で微分係数は負となる．また，その外側の領域，すなわち $x < -1, 1 < x$ では，それぞれ微分係数は正となる．代表的な点をそれぞれ入れてみると $\cdots$，$y'(-2) = 9 > 0$，$y'(3) = 24 > 0$ となっている．

以上は，接線とは何か？　そしてその傾きとは何か？　微分係数とは何か？といった諸々の概念をよく理解していれば，極めて常識的なことである．個々の概念を孤立的に覚えるのではなく，有機的に関連付けて認識して理解するよう努めてほしい．

微分係数とグラフの形状については章末の練習問題で確認するとよい．

3.　様々な関数の微分

先に，微分の定義式 $f'(x) = \lim_{h \to 0} \dfrac{f(x+h) - f(x)}{h}$ に当てはめればいかなる関数であっても微分できる，と述べた．本節では，実際によく使われる関数の微分について紹介する．もっとも，微分の概念的に重要なポイントは前節の

説明で尽きている．本節は，あえてテクニカルな数式の展開は避けて，羅列的な紹介にとどめておく．厳密な導出はインターリュードⅡにのせておくので参照してほしい．

3.1 冪関数の微分

冪関数の微分は，本章の第1節の問題で扱ったが，ここにも再録しておく．以下である．

$$(x^n)' = nx^{n-1}$$

なお，定数を微分する場合は，この冪関数で $n = 0$ とした場合に相当し，結果は 0 となる．これも $f(x) = \alpha$（α は定数）を $f'(x) = \lim_{h \to 0} \dfrac{f(x+h) - f(x)}{h}$ に適用することで得られる．読者自ら試みられたし．

3.2 三角関数の微分

$\sin x$ を微分する．実際に定義式に入れると，

$$(\sin x)' = \lim_{h \to 0} \frac{\sin(x+h) - \sin x}{h}$$

となり，右辺を計算すると，$\cos x$ となる．つまり，

$$(\sin x)' = \cos x$$

である．

同様に

$$(\cos x)' = \lim_{h \to 0} \frac{\cos(x+h) - \cos x}{h}$$

より，

$$(\cos x)' = -\sin x$$

である．

同様に，

$$(\tan x)' = \lim_{h \to 0} \frac{\tan(x+h) - \tan x}{h}$$

より，

$$(\tan x)' = \frac{1}{\cos^2 x}$$

である．なお，タンジェントの微分については本章の第5節で商の微分公式を

扱うときにこの結果を導出することにする―第 5 節の例題 3.2 を参照のこと.

3.3 対数関数の微分

底をネイピア数 e（$\approx 2.7182\cdots$）として，自然対数 $\log x$ を微分すると，

$$(\log x)' = \lim_{h \to 0} \frac{\log(x + h) - \log x}{h}$$

より，

$$(\log x)' = \frac{1}{x}$$

となる.

底が e でない場合は，$\log_a x = \dfrac{\log x}{\log a}$ より

$$(\log_a x)' = \frac{1}{\log a}(\log x)'$$

$$= \frac{1}{x \log a}$$

である.

3.4 指数関数の微分

ここでは，ネイピア数 e の冪乗を考える．すなわち，e^x を微分すると，

$$(e^x)' = \lim_{h \to 0} \frac{e^{x+h} - e^x}{h}$$

を計算することになり，

$$(e^x)' = e^x$$

となる．a^x の微分は後述する（p.68 第 4 章の練習問題 *4-9* にて）.

4. 微分の表記法

本節では，関数を微分する，ということの記法について学ぶ．主な記号法は以下の 3 つであるが，場合によってはこれら以外のものも使われることがある．しかし，もちろん，それぞれの文脈からわかる程度のものなので，以下を覚えておけばほとんど問題となることはないであろう.

4.1　プライム記法

　これまで，何の断りも解説もなく微分の記号をプライム記号で書いてきた．たとえば，関数 $y(x)$ の微分は $y'(x)$ であると．あるいは，$\sin x$ を微分することを $(\sin x)'$ であると．使い勝手がよいので，このプライム記号を多用することになる．なお，2 回（2 階）にわたって同一の関数を微分する場合には，プライムを 2 つ付ける．つまり，$y''(x)$ のように書く．3 回（3 階）の場合は，$y'''(x)$ となり，さらに複数回（階）の場合は，$y^{(4)}, y^{(5)}, \ldots, y^{(n)}$ などと書く．

4.2　ドット記法——ニュートン記法

　プライムの記号ではなく，微分する関数の上部にドット記号を記すものも微分を表現する．たとえば関数 $y(x)$ を微分する（微分せよ）という意味で，$\dot{y}(x)$ と書く．

　複数回（階）の微分の場合は，微分する回数（階数）だけドットを付ける．つまり，$\ddot{y}(x)$ や，$\dddot{y}(x)$ といった具合である．この場合，10 回（階）などということになったら不便であることは言うまでもない．もっとも，10 回連続で微分する，などということにはあまりならないのだが $\cdots$．

　この記法は主にニュートンが用いたことからニュートン記法と呼ばれる．

4.3　$\dfrac{d}{dx}$ 記法——ライプニッツ記法

　関数 $y(x)$ を変数 x で微分することを，$\dfrac{dy}{dx}$ とか，$\dfrac{dy(x)}{dx}$ などと書いたり，あるいは $\dfrac{d}{dx}y(x)$ や $\dfrac{dy}{dx}(x)$ と書いたりする．この記法はライプニッツによって開発され使用されたことからライプニッツ記法と呼ばれるが，後に学習する積分との関連などを考えると，この記法がおそらく最も便利である．

　複数回の微分についてもこの記法が最も便利かもしれない．たとえば，2 回（階）微分する場合は，$\dfrac{d^2y}{dx^2}$ と書く．

　なお，これまで 2 回（階）と書いてきたが，本当は 2 階微分，3 階微分，$\ldots$ というのが正解である．なぜ階（ランク）なのかと言えば，導関数が次々に現れてきて，その都度，階層が深化してゆくからである．ライプニッツ記法

は，この階層というイメージをうまく喚起させる．階層（ランク）が深化するように演算子 $\dfrac{d}{dx}$ が左から重なってくるのである．つまり，2階微分とは，$\dfrac{d}{dx}\dfrac{d}{dx} = \dfrac{d^2}{dx^2}$ であり，3階微分とは，$\dfrac{d}{dx}\dfrac{d}{dx}\dfrac{d}{dx} = \dfrac{d^3}{dx^3}$ ということだからである．

なお，ニュートンとライプニッツについては，インターリュードIで簡単に紹介することにする．

5. 微分計算のための有名な公式

本節では，微積分を学ぶと絶対にお目にかかる有名で便利な公式について解説する．公式の解説ではあるが，読者に注意を促したいのは，以下で扱う2つの公式も微分の第一原理である定義式 $f'(x) = \lim\limits_{h \to 0} \dfrac{f(x+h) - f(x)}{h}$ から比較的簡単に導出できるということである．当たり前と言えば当たり前なのだが，こういう論理性を体感してほしい．

5.1 積の公式

$f(x)$ と $g(x)$ という2つの関数が掛け合わされている関数の微分を考えよう．すなわち，関数 $f(x)g(x)$ の微分を行うのである．これは，微積分を学習すると必ず出てくる公式で，これを知らないで済ますことは不可能である．

これもまた，第一原理の定義式を用いて結果を求めてみよう．つまり，

$$\{f(x)g(x)\}' = \lim_{h \to 0} \frac{f(x+h)g(x+h) - f(x)g(x)}{h}$$

を行う．まず，右辺 $\lim\limits_{h \to 0} \dfrac{f(x+h)g(x+h) - f(x)g(x)}{h}$ の分子に $-f(x)g(x+h) + f(x)g(x+h)$ を付加してみることにする．すると，

$$\lim_{h \to 0} \frac{f(x+h)g(x+h) - f(x)g(x+h) + f(x)g(x+h) - f(x)g(x)}{h}$$

となるので，これを以下のように整理してみる．

$$\lim_{h \to 0} \left[\frac{f(x+h) - f(x)}{h} g(x+h) + f(x) \frac{g(x+h) - g(x)}{h} \right]$$

すると，

$$\lim_{h \to 0} \frac{f(x+h) - f(x)}{h} g(x+h) = f'(x)g(x)$$

と

$$\lim_{h \to 0} f(x) \frac{g(x+h) - g(x)}{h} = f(x)g'(x)$$

となるので，すなわち，

$$\{f(x)g(x)\}' = f'(x)g(x) + f(x)g'(x)$$

となる.

さて，いささかまわりくどいが，以下の問題でこの公式が成り立つということを確認してみよう.

問 3.2 $f(x) = x^2 + 1, g(x) = x^3 - x$ の場合，$f(x)g(x)$ を以下の 2 とおりの方法で微分して両者の結果が一致することを確かめよ.

(1) 公式 $\{f(x)g(x)\}' = f'(x)g(x) + f(x)g'(x)$ を用いて微分せよ．なお，通常，このような掛け算の場合，こうした計算の方法は採らず，以下の (2) で示すような方法で計算を行う（そちらの方がはるかに早い）.

(2) $f(x)g(x) = (x^2 + 1)(x^3 - x)$ の右辺を展開して冪関数の微分を 1 項ずつ行うことで微分せよ.

上記の問題で，この公式が確かであると思われたであろう.

しかし，この公式が真価を発揮するのは，以下のような上記の問題の (2) のような手法が存在しない場合である．つまり，

例題 3.1 $y = x^2 \sin x$ を微分せよ.

解答   この場合，x^2 と $\sin x$ の掛け算の形になっており，これを微分しやすいような形に変形するわけにはいかない．そこで，$\{f(x)g(x)\}' = f'(x)g(x) + f(x)g'(x)$ の出番となる．すなわち，x^2 を $f(x)$ とみなし，$\sin x$ を $g(x)$ とみなして計算すると，

$$(x^2 \sin x)' = (x^2)' \sin x + x^2 (\sin x)'$$

$$= 2x \sin x + x^2 \cos x$$

となる.

> **問 3.3**　以下の関数を微分せよ.
>
> (1)　$y = x^5 \sin x$
>
> (2)　$y = x^2 \cos x$
>
> (3)　$y = (x^2 + x) \log x$

これ以外は, 章末の練習問題にゆずる.

5.2　商の公式

上記した積の微分公式よりは使用頻度は落ちるが, 割り算になっている（分数の形になっている）関数の微分公式も比較的有名である. またこの公式の導出方法も積の公式を導出した方法と似通っており, 教育的示唆は高い. 意欲的な読者は, 上記の導出方法を参考にして自らこの公式を導出してみてほしい.

求めるべきは, $\dfrac{f(x)}{g(x)}$ という形の関数の微分である. 微分の定義式によれば,

$$\left\{ \frac{f(x)}{g(x)} \right\}' = \lim_{h \to 0} \frac{\frac{f(x+h)}{g(x+h)} - \frac{f(x)}{g(x)}}{h}$$

を計算すればよい. 以下のように工夫する.

$$\lim_{h \to 0} \frac{\frac{f(x+h)}{g(x+h)} - \frac{f(x)}{g(x)}}{h} = \lim_{h \to 0} \frac{\frac{f(x+h)g(x)}{g(x+h)g(x)} - \frac{f(x)g(x+h)}{g(x+h)g(x)}}{h}$$

$$= \lim_{h \to 0} \frac{1}{g(x+h)g(x)} \cdot \frac{f(x+h)g(x) - f(x)g(x+h)}{h}$$

$$= \lim_{h \to 0} \frac{1}{g(x+h)g(x)} \cdot \frac{f(x+h)g(x) - f(x)g(x) - f(x)g(x+h) + f(x)g(x)}{h}$$

$$= \lim_{h \to 0} \frac{1}{g(x+h)g(x)} \cdot \left[\frac{f(x+h) - f(x)}{h} g(x) - f(x) \frac{g(x+h) - g(x)}{h} \right]$$

$$= \frac{f'(x)g(x) - f(x)g'(x)}{\{g(x)\}^2}$$

したがって, あらためて書き下すと,

$$\left\{ \frac{f(x)}{g(x)} \right\}' = \frac{f'(x)g(x) - f(x)g'(x)}{\{g(x)\}^2}$$

ということである.

例題 3.2 上記の商の微分公式を用いて $(\tan x)' = \dfrac{1}{\cos^2 x}$ となることを確認せよ.

解答 $\tan x = \dfrac{\sin x}{\cos x}$ なのだから,以下のようになる.

$$(\tan x)' = \frac{(\sin x)' \cos x - (\cos x)' \sin x}{\cos^2 x}$$

$$= \frac{\cos^2 x + \sin^2 x}{\cos^2 x}$$

$$= \frac{1}{\cos^2 x}$$

問 3.4

(1) 上で学習してきたことを応用して,逆数 $\dfrac{1}{g(x)}$ の微分の公式 $\left\{\dfrac{1}{g(x)}\right\}' = -\dfrac{g'(x)}{\{g(x)\}^2}$ を導出してみよ.

(2) (1) で求めた逆数の微分公式と積の微分公式を用いることで,商の微分公式を導出せよ.

以上,本章の内容は章末の練習問題でよくよく確認してほしい.

練習問題

【微分係数と導関数】

3-1 関数 $y = x^2$ について,$x = -1, x = 1, x = 3$ での微分係数(接線の傾き)を以下の2つの方法で求め,それらが確かに一致することを確認せよ.

(1) 微分係数(接線の傾き)を求める定義式 $s_P = \displaystyle\lim_{h \to 0} \frac{f(x_P + h) - f(x_P)}{h}$ の x_P に直接 $x = -1, x = 1, x = 3$ という具体的な数値を入れて求めよ.

(2) 先に導関数 $y'(x)$ を求め,しかる後に $x = -1, x = 1, x = 3$ を代入して求めよ.

3-2 関数 $g(x) = x^3 + 2x$ について,$x = -1, x = 1, x = 2$ での微分係数(接線の傾き)を以下の2つの方法で求め,それが確かに一致することを確認せよ.

(1) 微分係数（接線の傾き）を求める定義式 $s_\mathrm{P} = \lim\limits_{h \to 0} \dfrac{g(x_\mathrm{P} + h) - g(x_\mathrm{P})}{h}$ の x_P に直接 $x = -1, x = 1, x = 2$ という具体的な数値を入れて求めよ.

(2) 先に導関数 $g'(x)$ を求め，しかる後に $x = -1, x = 1, x = 2$ を代入して求めよ.

☆ 以上の問題 *3-1* と問題 *3-2* は本文中の問 3.1（p.44）と共に確実に理解しておくこと.

3-3 次の関数を微分せよ.

(1) $y = 3x^2 - x + 5$ (2) $y = 2x^3 - 7x - 3$

(3) $y = x^6 + 5x^3 - x^2 + 6$ (4) $y = 2x^{-3} - x^{-2} + x^2$

(5) $y = x^3(x^{-3} + 2x^{-1} - x)$ (6) $y = 5x - 3x^2 + 2$

(7) $y = 2x^{\frac{3}{2}} - 5x^{\frac{1}{10}}$ (8) $y = x^{-\frac{5}{3}} + 3x^{\frac{1}{2}}$ (9) $y = 6\sqrt{x}$

☆ 以上は，いわゆる冪関数の微分である．冪がマイナスになっていても，分数になっていても公式に従って微分することを試みること.

【グラフの形状】

3-4 関数 $y = x^2 - 4x + 1$ のグラフの概形を描き，その増減を調べよ．また，その頂点の座標を求めよ．ただしこの頂点を求めるにあたって，① 微分を用いる方法，② 平方完成を行う方法，の2とおりで求めよ.

3-5 関数 $y = x^3 - 3x + 3$ について，

(1) 曲線の頂点（極大値と極小値）を求めよ.

(2) 関数の増減を考慮してグラフの概形を描け.

【積と商の微分法】

3-6 次の関数を微分せよ.

(1) $x \sin x$ (2) $(x^3 - x) \cos x$ (3) $\sin x \cos x$ (4) $\sin^2 x$

(5) $\cos^2 x$ (6) $\cos^3 x$ (7) $\cos^2 x \sin x$ (8) $x \log x$

(9) $x^5 \log x$ (10) $e^x \tan x$

3-7 次の関数を微分せよ.

(1) $\dfrac{\cos x}{\sin x}$ (2) $\dfrac{x^3}{x + 1}$ (3) $\dfrac{2}{\sin x}$ (4) $\dfrac{\tan x}{x}$ (5) $\dfrac{x^5 - x}{x^3}$

4

より複雑な関数の微分法

　本章では，複数階の微分，そして，より複雑な関数を微分する場合について考えよう．前章で微分の概念は尽きているが，現実は，概念説明に使用する程度に単純な関数で表現できるようなものではない．もっとも，どれだけ数式を，あるいは関数を複雑化させても現実を表現することなど不可能で，どこまでいってもそれは現実の単純化とモデル化にすぎない．しかし，それによって現実の核心を把握することは容易になるのであって，そのために複雑な関数の取り扱いに多少なりとも習熟しておく必要はあるのである．

　いくらか数学的にテクニカルな側面の解説に終始する感は否めないが，計算としては前章と同じ程度に単純なものである．習得に努めてほしい．

1.　高階微分

　前章では，基本的に1階の微分しか扱わなかった．一部，説明のために2階，3階，という微分の存在を述べただけであった．ここでは，複数階の微分について学ぼう．

　前章で距離と速度の関係から話を始めたように，ここでも，この例から始めよう．距離が時間の関数として表されている場合，これを微分すると速度となる．さらに，速度を微分すると加速度となるのである．すなわち，次のような階層になっている．ここで，y は距離，v は速度，a は加速度である．（ただし，速度と加速度は本来ベクトル量だが，ここで詳細には立ち入らないことにする．）

距離関数：$y = f(t)$

↓微分

速度関数：$v = f'(t)$　　ライプニッツ記法では，$v = \dfrac{df(t)}{dt}$

↓微分

加速度関数：$a = f''(t)$　　ライプニッツ記法では，$a = \dfrac{d^2 f(t)}{dt^2}$

　距離，速度，加速度という物理的な意味のあるものはここまでであるが，数学的には可能であればこれ以上も微分できる．

　たとえば，三角関数について見てみよう．$y = \sin x$ ならば，$\dfrac{dy}{dx} = \cos x$，$\dfrac{d^2 y}{dx^2} = -\sin x$，$\dfrac{d^3 y}{dx^3} = -\cos x$，$\dfrac{d^4 y}{dx^4} = \sin x$，$\dfrac{d^5 y}{dx^5} = \cos x$，... と終わりなく延々と続くのである（煩わしいのでプライム記号での微分はあえて示さなかった）．

　論より証拠である．以下を自らの手で行ってみよう．これ以外の問題は練習問題として章末に挙げておく．

> **問 4.1**
>
> (1)　関数 $y = x^5 + \dfrac{1}{2}x^4 - x^2 + 5$ について，1階微分，3階微分，5階微分をそれぞれ求めよ．（掛け算が面倒になってきたら適宜電卓などを使われたし！）

(2) 関数 $\beta(x) = x^7 - 2x^5 + 2x^2$ について，1 階微分，4 階微分，6 階微分，7 階微分をそれぞれ求めよ．（掛け算が面倒になってきたら適宜電卓などを使われたし！）

(3) 関数 $z(\theta) = \cos\theta$ の 2 階微分と 4 階微分を求めよ．

2. 合成関数の微分法

　本節では，より複雑な関係になっている関数についての微分法を解説する．

　特に，ある関数の変数がまた別の関数になっているような関数である合成関数の微分法である．すなわち，$y = f(g(x))$ のような関数の微分法である．この場合は，別の変数，たとえば θ を媒介させて計算を行い，最後に θ を取り除いて全体としての結果を構成する，という手順を取る．

　まずは，一般論を展開し，次に具体例を示す．

　まず一般論である．

　関数 $y = f(g(x))$ を x について微分する．ということは，$\dfrac{dy}{dx}$ を求めるということである．そこで，$g(x) = \theta$ と置き換えてみる．すると，$y = f(\theta)$ となる．このようにしておいて，θ を x で微分すると，$\dfrac{d\theta}{dx}$ が得られる．また，y を θ で微分すると，$\dfrac{dy}{d\theta}$ が得られる．いま，われわれが欲しかったのは，$\dfrac{dy}{dx}$ であったので，$\dfrac{dy}{dx} = \dfrac{dy}{d\theta}\dfrac{d\theta}{dx}$ と両者の結果を掛け合わせればよい，ということになる．（なぜならば，$\dfrac{dy}{dx} = \dfrac{dy}{d\theta}\dfrac{d\theta}{dx}$ なので．）

　… と，テクニカルにはこのようにすれば微分できるのだが，これもまた，第一原理たる微分の定義式から導出しておこう．

　まず，$y = f(g(x))$ を微分の定義式に当てはめて $g(x)$ で仲立ちさせると，以下のようになる．

$$y' = \frac{dy}{dx} = \lim_{h\to 0} \frac{f(g(x+h)) - f(g(x))}{h}$$
$$= \lim_{h\to 0} \frac{f(g(x+h)) - f(g(x))}{g(x+h) - g(x)} \cdot \frac{g(x+h) - g(x)}{h}$$

ここで, $g(x+h) - g(x) = k$ とすると, $g(x+h) = g(x) + k$ となり, さらに $g(x) = \theta$ とすると, 上式は,

$$y' = \frac{dy}{dx} = \lim_{h \to 0} \frac{f(\theta + k) - f(\theta)}{k} \cdot \frac{g(x+h) - g(x)}{h}$$

と変形される. $h \to 0$ の極限をとると $\lim_{h \to 0} (g(x+h) - g(x)) = 0$ なのだから $k \to 0$ となる. したがって, 上式はさらに以下のように書き換えられる.

$$y' = \frac{dy}{dx} = \lim_{k \to 0} \frac{f(\theta + k) - f(\theta)}{k} \cdot \lim_{h \to 0} \frac{g(x+h) - g(x)}{h}$$

である. したがって, $y' = \frac{dy}{dx} = f'(\theta)g'(x) = \frac{dy}{d\theta}\frac{d\theta}{dx}$ である.

　では, 具体的に展開してみよう.

　関数 $y = \sin(x^2 + x)$ を微分する. これは, サイン関数の変数が $x^2 + x$ という関数になっている場合である.

　まずは, $x^2 + x = \theta$ とする. すると, $y = \sin\theta$ である.

　θ を x で微分すると, $\dfrac{d\theta}{dx} = 2x + 1$

　y を θ で微分すると, $\dfrac{dy}{d\theta} = \cos\theta$

　すなわち, $\dfrac{dy}{dx} = \dfrac{d\theta}{dx}\dfrac{dy}{d\theta} = (2x+1)\cos\theta$

　θ を元に戻して, $\dfrac{dy}{dx} = (2x+1)\cos(x^2 + x)$

となる.

　重要な手法なのでもう 1 つ具体例を展開しておく. 今度は, $y = (x^5 + x^2)^7$ について y を x で微分する場合である. もちろん, 7 乗をせっせと展開してもよいのだが, $\theta = x^5 + x^2$ と媒介変数を用いた方がはるかに簡単である. すると, $y = \theta^7$ なので, 以下のようになる.

　θ を x で微分すると, $\dfrac{d\theta}{dx} = 5x^4 + 2x$

　y を θ で微分すると, $\dfrac{dy}{d\theta} = 7\theta^6$

　したがって, y を x で微分すると, $\dfrac{dy}{dx} = \dfrac{d\theta}{dx}\dfrac{dy}{d\theta} = (5x^4 + 2x)\cdot 7\theta^6$

　故に, θ を元に戻して, $\dfrac{dy}{dx} = 7(5x^4 + 2x)(x^5 + x^2)^6$

となる.

　以下に問題を挙げておく. 残りは章末の練習問題で取得してほしい.

問 4.2

(1)　$y = \cos(x^3 - 3x^2)$ を微分せよ.

(2)　$y = \sin(\cos x)$ を微分せよ.

(3)　$y = (2x^2 - x + 3)^5$ を微分せよ.

3.　偏微分と全微分—変数が複数ある場合の微分法

　本節では, 変数が複数ある場合の関数の微分法を展開する.

　これまでは, 変数が 1 つの場合だけを考えてきた. しかし, いかにモデル化され単純化された社会モデルであっても変数がたった 1 つということの方がまれである. たとえば, 財の価格はどれだけ単純化しても最低限, 需要と供給という 2 つの変数が必要であるし, ある特定の寡占市場であっても (したがって比較的自由に価格を決定できる場合であっても) 供給側は価格を人件費や材料費など複数の変数 (による関数) を考慮して決定する.

　その他, 為替は両国のインフレ率の関数になっており, 政治的であったり, 投機的であったりする予測不可能な動きがなければまずまず理論的に理解できなくもない (ただし, これも結局は後知恵的なのだが…). この場合, 基本となる変数は 2 つである：(新為替) ＝ (旧為替) $\times \dfrac{X}{Y}$ (X は自国のインフレ率, Y は相手の国のインフレ率である). もっとも, ここでもさらに, 変数 X, Y は, それぞれの国内の変数に規定される関数となっていて, 為替を考えただけでも複数の (精緻に考えてゆけばほとんど無数の) 変数が入り込んでくることは容易に想像できよう.

　では, 具体的に偏微分と全微分についてである.

3.1　偏微分

　偏微分は, テクニカルには, 読んで字のごとく偏って微分することである. 偏って微分するとは, たとえば, 変数が x, y と 2 つあった場合, どちらか一方のみに偏って微分し, もう一方は定数であるかのように扱うことである. 言い換え

れば，どちらか一方だけを動かしてどちらか一方を止めておくイメージである．

　たとえば，$z(x, y) = x^2 y^3$ を x のみに偏って微分するには，y^3 を定数として扱い（ということは止めてフリーズさせて扱い），x^2 のみを微分する．すると，x^2 の微分が $2x$ なので，関数 $z(x, y) = x^2 y^3$ の x に関する 1 階偏微分の結果は，$2x y^3$ となる．

　ここで，偏微分の記号 ∂ を導入する．たとえば，$\dfrac{\partial}{\partial x}$ は x について偏微分せよ，ということである（なんのことはない，1 変数の微分の d が ∂ になっただけのことである）．つまり，上記の例ならば，$\dfrac{\partial z(x, y)}{\partial x} = 2x y^3$ である．また，$\dfrac{\partial z(x, y)}{\partial y} = 3x^2 y^2$ である．

　要点はたったこれだけである！　がしかし，もう少し，述べておこう．

　1 変数の微分から充分に推測可能だろうが，偏微分でも 1 変数と同様に高階微分が行える．上記の例を用いると，$\dfrac{\partial^2 z(x, y)}{\partial x^2} = 2y^3$，$\dfrac{\partial^2 z(x, y)}{\partial y^2} = 6x^2 y$，$\dfrac{\partial^2 z(x, y)}{\partial x \partial y} = 6x y^2$，などである（さらに高階微分できることは 1 変数の場合と同じである）．また，ここでは，便宜上 2 変数で説明したが，変数の数が 3 つだろうが 4 つだろうがまったく同じように扱えばよいことは言うまでもない．

　これもまた，論より証拠である．確認のために以下に問題を提示する．これは，1 つ 2 つ問題を自分の手で解いてみれば以後はほとんど間違いようがないであろう．残りの問題は章末にまとめておく．

問 4.3

(1)　$z(x, y) = x^3 y^3 - x^2 y - 3x^2$ について，$\dfrac{\partial z(x, y)}{\partial x}$，$\dfrac{\partial z(x, y)}{\partial y}$，$\dfrac{\partial^2 z(x, y)}{\partial x^2}$，$\dfrac{\partial^2 z(x, y)}{\partial y^2}$，$\dfrac{\partial^2 z(x, y)}{\partial x \partial y}$，$\dfrac{\partial^3 z(x, y)}{\partial x^2 \partial y}$ を求めよ．

(2)　$z(x, y) = x^5 y^3 - 2x^2 y + xy^2 - 3x^2 + y^3$ について，$\dfrac{\partial z(x, y)}{\partial x}$，$\dfrac{\partial z(x, y)}{\partial y}$，$\dfrac{\partial^2 z(x, y)}{\partial x^2}$，$\dfrac{\partial^2 z(x, y)}{\partial y^2}$，$\dfrac{\partial^2 z(x, y)}{\partial x \partial y}$，$\dfrac{\partial^3 z(x, y)}{\partial x \partial y^2}$ を求めよ．

(3)　$z(x, y) = \sin(x + y)$ について，$\dfrac{\partial z(x, y)}{\partial x}$，$\dfrac{\partial z(x, y)}{\partial y}$，$\dfrac{\partial^2 z(x, y)}{\partial x^2}$，

$$\frac{\partial^2 z(x,y)}{\partial y^2}, \frac{\partial^2 z(x,y)}{\partial x \partial y}, \frac{\partial^3 z(x,y)}{\partial x \partial y^2}, \frac{\partial^3 z(x,y)}{\partial x^2 \partial y} \text{ を求めよ.}$$

3.2　全微分

偏微分の知識を前提にして，全微分という概念も紹介しておく.

いま，x, y の 2 つの変数で記述できる現象があったとして，それが，関数 $F(x,y)$ で表されているとしよう. 変数をそれぞれ微小量 dx, dy だけ変化させると，F の値はどれほど変化するか（全体での変化はどうなるか）を考えよう. すると，この全体の微小変化 dF は，以下のようになる.

$$dF = \frac{\partial F(x,y)}{\partial x} dx + \frac{\partial F(x,y)}{\partial y} dy$$

これを全微分と称する.

1 変数の場合は，$y = f(x)$ で，$\dfrac{dy}{dx} = f'(x)$ ならば，y の微小変化は，$dy = f'(x) dx$ なのだから，上記の 2 変数の場合と見比べてほしい.

また，これはさらに変数の数が増えても同じである.

3.3　生産関数

本節の最後に生産関数について紹介しておこう.

生産物の量が，生産に供する投入物（生産要素）の量を変数にした関数になっているものが生産関数である. なんであれ財を生産する場合，生産に供する複数の要素を一連の生産プロセスに投入しなければならない. 現実的に細かくみてゆけば生産要素と考えられるものは大量にあるが，基本的なものとして，経済学では労働と資本を変数にとる場合が多い.

ここでは，もっとも初歩的なコブ・ダグラス生産関数と呼ばれるものを紹介する. コブ・ダグラス生産関数は，生産量 Y，生産要素を労働 L と資本 K として

$$Y = AL^\alpha K^\beta \quad (0 < \alpha < 1, \ 0 < \beta < 1)$$

と表される（α は労働分配率，β は資本分配率で，$\beta = 1 - \alpha$ である）[1]. ここ

---

[1] 労働分配率とは生産した付加価値の内で労働者に支払った賃金の割合で，資本分配率とは，労働者に支払った賃金以外のものの割合である. したがって $\beta = 1 - \alpha$ となる.

で，A は状況によって変わる係数である（たとえば，技術が進歩すれば少ない生産要素でより多くを生産できるようになるので，係数 A はその分だけ大きくなる）.

　この表記だと生産物の変化量 dY は，全微分を用いて

$$dY = \frac{\partial Y(L, K)}{\partial L} dL + \frac{\partial Y(L, K)}{\partial K} dK$$

と表される．実際に計算すると，$\dfrac{\partial Y(L, K)}{\partial L} = \alpha A L^{\alpha-1} K^{\beta}$，$\dfrac{\partial Y(L, K)}{\partial K} = \beta A L^{\alpha} K^{\beta-1}$ で，もし資本に変化がなく一定なら $dK = 0$ で変化量は $dY = \alpha A L^{\alpha-1} K^{\beta} dL$ となり，同様に労働に変化がなく一定なら $dL = 0$ で変化量は $dY = \beta A L^{\alpha} K^{\beta-1} dK$ となる．これらは，それぞれ $dL = 1, dK = 1$ とすると，生産要素を 1 単位だけ変化させた場合に生産量がどれだけ変化するかを表していることから，限界生産力と呼ばれる．一般に，生産関数がさらに複数の生産要素の変数からなる関数 $Y(x_1, x_2, x_3, \ldots, x_n)$ で表された場合，限界生産力はそれぞれの要素について

$$\mathrm{MP}_i = \frac{\partial Y(x_1, x_2, x_3, \ldots, x_n)}{\partial x_i}$$

で表される（ここで，MP は Marginal Product ＝限界生産力である）.

　生産関数は頻繁に利用されるので，よく確認しておくとよい.

4.　関数の冪展開と近似法──その方法と意義について

　ここでは，関数の微分（特に高階微分）に関連する重要な近似法であるマクローリン展開とテイラー展開を紹介する．またその意義についても省察する.

　これまで，論理的に飛躍のない記述を心がけてきたが，本節では，いくらか天下り的な記述にならざるを得ない．というのも，かかる展開公式を飛躍なく提示するにはかなりの付加的知識が必要だからである．もっとも，そうした追加的知識も高校の微積分とプラス α 程度の知識なのだが，本書は数学のための数学を展開しているわけではない．したがって，以下で提示される事項は，多分に独立的である．しかし，経済学や経営学で現れる数学の意味をより深く理解するには是非とも必要な知識と洞察だということを最初に述べておく．詳細はインターリュード II を参照してほしい.

　では，具体論に入ろう．

　数学的には展開可能性を吟味しなくてはならないが，多くの関数で以下のような冪級数展開が可能である．

$$f(x) = f(0) + \frac{f'(0)}{1!}x + \frac{f''(0)}{2!}x^2 + \frac{f'''(0)}{3!}x^3 + \cdots + \frac{f^{(n)}(0)}{n!}x^n + \cdots$$

これを関数 $f(x)$ のマクローリン展開と呼ぶ．

　これは，複雑な関数を $x = 0$ 付近において x の多項式で近似するときに用いられる．同様に，$x = a$ 近傍で展開する場合には，テイラー展開，

$$f(x) = f(a) + \frac{f'(a)}{1!}(x - a) + \frac{f''(a)}{2!}(x - a)^2 + \frac{f'''(a)}{3!}(x - a)^3$$

$$+ \cdots + \frac{f^{(n)}(a)}{n!}(x - a)^n + \cdots$$

を用いる．もっとも式の形からわかるように，マクローリン展開とは $x = 0$ 近傍でのテイラー展開である．

　これらの展開は，複雑な関数をある特定の場所で，簡単な x の多項式の形に近似する場合に便利である．1つ具体例を示そう．たとえば，$\sin x$ を $x = 0$ 近傍で展開してみる．つまりマクローリン展開してみる．すると，

$$\sin x = x - \frac{1}{3!}x^3 + \frac{1}{5!}x^5 - \frac{1}{7!}x^7 + \cdots$$

となる．そこで，どういう事態が生じるかを明確化するために（マクローリン展開の意義を見るために），$y = \sin x$, $y = x - \frac{1}{3!}x^3$, $y = x - \frac{1}{3!}x^3 + \frac{1}{5!}x^5 - \frac{1}{7!}x^7$ の3つのグラフを同一平面上に描いてみる．すると，$x = 0$ を中心にしてサインカーブに近似した曲線が得られていることが見てとれるであろう．しかも，3次までで止めてしまった曲線より，7次まで展開した曲線の方がより広範囲にサインカーブに近似している．ということは，さらに展開項を付加してゆけば，サインカーブに一致する範囲がどんどん広がってゆく，ということである．

　これは，要するに，もし $x = 0$ 近傍だけを考えたいのであれば，わざわざ $\sin x$ を用いる必要はないということである．定数が大きくなる煩わしさはあるが，マクローリン展開は結局のところ冪関数を単純に足し合わせた形である．数学的な扱いは非常に簡単になる．

　多くの経済数学の教科書ではかなりのレベルの書物であっても三角関数があ

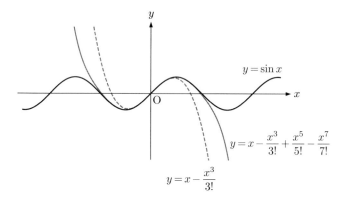

$y = \sin x$

$y = x - \dfrac{x^3}{3!} + \dfrac{x^5}{5!} - \dfrac{x^7}{7!}$

$y = x - \dfrac{x^3}{3!}$

図 4.1

まり用いられていないのはこういう理由である．自然科学であれば，任意の適当な範囲だけに妥当するような関数では一般的な理論展開にはならないが，経済学の場合（もちろん経営学も），それで事足りるのである．たとえば，変数が時間であった場合，考えている時間の近傍プラスマイナス半年とか，1，2 年程度で理論が妥当すればよいからである．というよりも，それ以上の理論的予測は社会科学にあっては不可能であろう．自然科学などよりも不確定要素があまりにも多いからである．こうした理由から経済数学では取り扱う関数が限定される傾向にある．もちろん，より広範に妥当する理論を志向する場合は，この限りではない．しかし，その場合は，社会は決定論的なのか否か，というより哲学的な問題を抱え込むことを避けることはできないであろう．

　また，同様のことであるが，以下にテイラー展開についても示しておく．今度は，$x = \dfrac{\pi}{2}$ 近傍で $y = \sin x$ を展開してみる．すると，

$$\sin x = 1 - \frac{1}{2!}\left(x - \frac{\pi}{2}\right)^2 + \frac{1}{4!}\left(x - \frac{\pi}{2}\right)^4 - \frac{1}{6!}\left(x - \frac{\pi}{2}\right)^6 + \cdots$$

となる．$y = \sin x$ と 8 次までの近似 $y = 1 - \dfrac{1}{2!}(x - \dfrac{\pi}{2})^2 + \dfrac{1}{4!}(x - \dfrac{\pi}{2})^4 - \dfrac{1}{6!}(x - \dfrac{\pi}{2})^6 + \dfrac{1}{8!}(x - \dfrac{\pi}{2})^8$ のグラフを同一平面上に描くと図 4.2 のようになる．

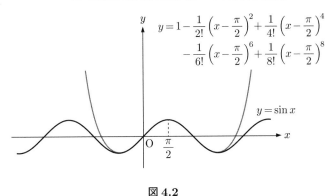

$$y = 1 - \frac{1}{2!}\left(x - \frac{\pi}{2}\right)^2 + \frac{1}{4!}\left(x - \frac{\pi}{2}\right)^4$$
$$- \frac{1}{6!}\left(x - \frac{\pi}{2}\right)^6 + \frac{1}{8!}\left(x - \frac{\pi}{2}\right)^8$$

$y = \sin x$

図 4.2

　さて，最後にマクローリン展開とテイラー展開の注目すべき性質について少しだけ言及しておこう．上記の展開式の左辺はもちろん展開される関数であるが，たとえば，この関数のグラフは $-\infty$ から $+\infty$ までの全域に広がっているとする．ところが，展開した右辺では，ある特定の1点について高階微分しているだけである．つまり，左辺の x の全域に渡っている情報（全域のグラフの形）を右辺では，1点についてのみの高階微分で再現したような形になっている．言い方を変えると，ある1点の中に階層状態になって全域の形がたたみ込まれているかのごとくなのである．ピンとこなければ変数を時間に置き換えてみるとこの含意はさらに驚くべき内容であることに気が付く．というのも，変数を時間にすると，この含意は，過去から未来までのすべての情報を右辺は任意の1点の時間（瞬間）に集積させているということになるからである．もっとも，ということは非時間的である，と解釈することも可能なのではあるが $\cdots$．（ということは，空間の場合には，非空間的なのであるが $\cdots$．）

　結局，換言すると，このように1点に全域の情報がたたみ込まれているようなタイプの関数についてのみがテイラー展開可能である，ということなのだ．この数学的に厳密な表現（というか説明）は対象を複素数にまで拡張してはじめて可能になる．したがって，本書ではこうした定性的なお話にとどめておく．

4.1　その他の近似と二項展開

　もう少し近似の概念についても触れておこうと思う．

$(A + B)^n$ のような展開式の場合，高次の冪乗を無視するという近似法もある．たとえば，α が微小であった場合は，α の高次の冪乗は実質上，現実的には明確な効果を及ぼし得ない，あるいは無視できるからそれを無視してしまうのである．もっとも，ケースバイケースで，2次までを生かしてそれ以上のものを無視する，あるいは3次までを生かして・・・，というのは状況によって変わってくる．

たとえば，$(1 + a)^n$ の場合，a が微小ならば，$(1 + a)^n \cong 1 + na$ としても問題ない場合がある．また，括弧内の第1項が1ではない場合は，$(L + a)^n = L^n \left(1 + \dfrac{a}{L}\right)^n \cong L^n \left(1 + n\dfrac{a}{L}\right)$ である（ただし，この場合は，L が a に比べて非常に大きい場合である）．

これは，二項展開を行ってみると明らかとなる．$(A+B)^n = \displaystyle\sum_{k=0}^{n} {}_n\mathrm{C}_k A^{n-k} B^k$ であるので，

$$(1 + a)^n = \sum_{k=0}^{n} {}_n\mathrm{C}_k a^k$$

$$= {}_n\mathrm{C}_0 a^0 + {}_n\mathrm{C}_1 a^1 + {}_n\mathrm{C}_2 a^2 + {}_n\mathrm{C}_3 a^3 + \cdots$$

$$= 1 + na + \frac{n(n-1)}{2!} a^2 + \frac{n(n-1)(n-2)}{3!} a^3 + \cdots$$

となる．ここで，a が微小であれば，2次以上を無視することができて，

$$(1 + a)^n \cong 1 + na$$

としても妥当であると考えられる．もちろん，繰り返しになるが，1次まででではなく，2次まで，3次まで，という近似も考えられ，ケースバイケースである．

なお，コンビネーション（組合せ）C は，${}_n\mathrm{C}_k = \dfrac{n!}{k!(n-k)!}$ で，異なる n 個の中から k 個を選ぶ場合の数である．また，パーミュテーション（順列）P は ${}_n\mathrm{P}_k = n(n-1)(n-2)\cdots(n-k+1)$ で，異なる n 個の中から k 個を選んで一列に並べる場合の数である．

最後に，二項展開の話のついでに，いわゆるパスカル三角形について述べておこう．$1 \leqq r \leqq n$ のとき，${}_{n+1}\mathrm{C}_r = {}_n\mathrm{C}_r + {}_n\mathrm{C}_{r-1}$ である．これを図式化するとパスカル三角形になる．この関係式の導出は章末の練習問題で確認してほしい．

$$
\begin{array}{ccccccccccccc}
 & & & & & & 1 & & & & & & \\
 & & & & & 1 & & 1 & & & & & \\
 & & & & 1 & & 2 & & 1 & & & & \\
 & & & 1 & & 3 & & 3 & & 1 & & & \\
 & & 1 & & 4 & & 6 & & 4 & & 1 & & \\
 & 1 & & 5 & & 10 & & 10 & & 5 & & 1 & \\
1 & & 6 & & 15 & & 20 & & 15 & & 6 & & 1
\end{array}
$$

図 4.3　パスカル三角形

練習問題

【高階微分について】

4-1

(1) 関数 $y(x) = x^5 + x^3 + x^{-2}$ について，$\dfrac{d^2 y(x)}{dx^2}, \dfrac{d^3 y(x)}{dx^3}$ を求めよ．

(2) 関数 $f(\theta) = \theta \sin\theta$ について，$\dfrac{d^2 f(\theta)}{d\theta^2}, \dfrac{d^3 f(\theta)}{d\theta^3}$ を求めよ．

(3) 関数 $f(\theta) = \theta^2 \cos\theta$ について，$\dfrac{d^2 f(\theta)}{d\theta^2}, \dfrac{d^4 f(\theta)}{d\theta^4}$ を求めよ．

(4) 関数 $y(x) = \dfrac{1}{2}x^4 - x^3$ について，1 階微分と 3 階微分を求めよ．

(5) 関数 $\sin x \cos x$ の 2 階微分を求めよ．

【合成関数の微分法】

4-2 以下の関数を微分せよ．

(1) $\dfrac{1}{(x^2 - 1)^2}$ 　　　 (2) $(x^5 + 2x)^8$ 　　　 (3) $\sin(\theta^3 + \theta^2 + \theta)$

(4) $\cos(\sin\theta)$ 　　　 (5) $\cos(\theta^{-2})$ 　　　 (6) $\left(3z^2 - \dfrac{1}{2}z\right)^5$

(7) $\dfrac{1}{\sin x}$ （第 2 章で与えた逆数の微分の公式を使わずに微分せよ．）

【偏微分】

4-3

(1) 関数 $z(x, y) = x^3 y^3 + x^2 y + xy^3$ について，偏微分 $\dfrac{\partial z}{\partial x}, \dfrac{\partial z}{\partial y}, \dfrac{\partial^2 z}{\partial x^2}, \dfrac{\partial^2 z}{\partial y^2},$

$\dfrac{\partial^2 z}{\partial x \partial y}$ をそれぞれ求めよ．

(2) 関数 $z(x, y) = \sin(x - y^2)$ について，偏微分 $\dfrac{\partial z}{\partial x}, \dfrac{\partial z}{\partial y}, \dfrac{\partial^2 z}{\partial x^2}, \dfrac{\partial^2 z}{\partial y^2}, \dfrac{\partial^2 z}{\partial x \partial y}$ を

それぞれ求めよ.

(3)　関数 $f(x,y,z) = xy + yz + zx$ について,偏微分 $\dfrac{\partial f(x,y,z)}{\partial x}, \dfrac{\partial f(x,y,z)}{\partial y}$,

$\dfrac{\partial f(x,y,z)}{\partial z}, \dfrac{\partial^2 f(x,y,z)}{\partial x \partial y}, \dfrac{\partial^2 f(x,y,z)}{\partial y \partial z}, \dfrac{\partial^2 f(x,y,z)}{\partial z \partial x}$ をそれぞれ求めよ.

【複合問題】
4-4

(1)　関数 $z(x,y) = \sin(xy + x^2)$ について,$\dfrac{\partial z}{\partial x}, \dfrac{\partial z}{\partial y}, \dfrac{\partial^2 z}{\partial x \partial y}$ をそれぞれ求めよ.

(2)　関数 $z(x,y) = (x^2 y^2 - xy)^5$ について,$\dfrac{\partial z}{\partial x}, \dfrac{\partial z}{\partial y}, \dfrac{\partial^2 z}{\partial x \partial y}$ をそれぞれ求めよ.

(3)　関数 $z(x,y) = \dfrac{3}{xy}$ について,$\dfrac{\partial z}{\partial x}, \dfrac{\partial z}{\partial y}, \dfrac{\partial^2 z}{\partial x \partial y}$ をそれぞれ求めよ.

【マクローリン展開・テイラー展開】
4-5　$y = \cos x$ について,

(1)　マクローリン展開を行い,第 5 項まで求めよ.

(2)　$x = \dfrac{\pi}{2}$ 近傍でテイラー展開し,第 5 項まで求めよ.

4-6　──《難》──

(1)　$\sin x$ と $\cos x$ のマクローリン展開を行え.

(2)　e^x のマクローリン展開を求めよ.

(3)　(2) で求めた展式の x に ix(i は虚数単位で $i^2 = -1$)を代入し,$e^{ix} = $(実部)$+ i$(虚部)の形に整理せよ.

(4)　$e^{ix} = \cos x + i \sin x$(オイラーの関係式)となることを確認せよ.

【発展問題】
4-7　──《難》──

　上の問題 **4-6** の (3) で導出したオイラーの関係式 $e^{ix} = \cos x + i \sin x$ を用いて三角関数の加法定理を導出せよ.──本問は,微積分の問題ではないが,意欲的な読者のために挙げておいた.

4-8　本文中の二項係数の関係式 $_{n+1}\mathrm{C}_r = {}_n\mathrm{C}_r + {}_n\mathrm{C}_{r-1}$ を証明し,パスカル三角形を描け.──本問も微積分の問題ではないが,意欲的な読者のために挙げておく.

4-9　──(第 3 章の p.48 も参照のこと)──

　$y = a^x$ について $\dfrac{dy}{dx}$ を求めよ(x について微分せよ).ただし,$(\log x)' = \dfrac{1}{x}$ あるいは $(e^x)' = e^x$ は既知とする.

インターリュード──≪間奏曲≫──Ⅰ

1. 瞬間の哲学──時間の哲学序論

　ここでは，微分という概念にまつわる，あるいは関連する様々な問題について，特にこれらから惹起せられる哲学的な問題を簡潔に述べておこうと思う．

　最も解きがたく，そして最も微積分の根幹に関わる認識論的な問題は，他ならぬ極限の概念に潜んでいる．微分を定義する際に重要な役割を果たしたのは，$h \to 0$ という極限の操作であった．これは，幾何学的に幅 h を 0 にしてしまうことを意味する．ということは，算術としては結果的に 0 で割り算をするという数学上の禁制に触れてしまうことになる．こう述べると，「0 で割り算をしているのではない，どんどんと小さくしているだけだ」という反論がなされるだろうが，今度はこの反論のただ中にさらに解きがたい難問が入り込むこととなる．というのも，われわれは（微積分は）$h \to 0$ という操作によって，1点に接する接線の傾きを求めようとしたからである．1点に接している，という状態でなければそもそも接線ではないのであり，「接する」という状態を実現するには，どうしても幅を 0 にしてしまわなければならない．逆に言うと，幅が 0 でなければそもそも接線ではなく，2点間を結ぶ直線の傾きを求めているにすぎない，ということになる．

　実際に，$h \to 0$ という操作は，直観的には了解できるのではあるが，この「1点に接する」という難問をどうしても除去することはできない．$h \to 0$ とは，Q を P に無限に近づける操作なのだが，原理的には，どこまで近づけようが，依然として Q と P の間には無限個の数学的（幾何学的）点が存在するのであり，したがってどこまでいっても Q と P は重ならずに線分のままであり続ける．もし何かの拍子に Q と P が重なってしまえば（原理上あり得ないのだが），即座に定義された分母は 0 となってしまい数式は発散してしまうであろう．かくして，どうにも解決の手段がないのである．

ご存じのように，これはゼノンのパラドクスそのものである．このパラドクスを $h \to 0$ の操作に近づけて述べると，以下のような話になる．

A 地点から B 地点まで行く場合，まずは，その中間点の C 地点にまで到達しなければならない．C 地点まで行くには A 地点と C 地点の中間点の D 地点まで行かなければならない．D 地点まで行くには…，となって，結局，A から一歩として動けなくなる．あるいは，A から B まで行くにはまず中間点の C まで行く．C まで行ったら，C と B の中間点 D まで行かなければならない．D まで行ったら D と B の中間点 E まで行く…，ということになる．がしかし，これではどこまで行っても，すなわち，どれだけこの操作を繰り返しても永遠にわれわれは B にはたどり着かない…．

この問いに対する有効な答えはゼノン以来の2000年にわたって表明されていない．数多の哲学者が回答を試みたが，どれもが不充分なものであったり，問いそのものをなんとかずらそうとしたりするものばかりであった．たとえば，20世紀を代表する哲学者の一人である英国のバートランド・ラッセル[1]は，線分上の点に隣の点（たとえば点 0 の隣の点）などないのだ，といった類のことを述べてなんとかゼノンの問いを無化しようとした．しかし，これ

Bertrand Arthur
William Russell
(1872-1970)

は，結局のところ，ゼノンの問いを別の問いに置き換えただけにすぎず（点に隣の点がないとしても，それこそが問題の根幹である），結果的にラッセルは，問題をなにやらもっと複雑にしてしまった感すらある．

それにしても，考えてみるに，そもそも瞬間とは何なのだろうか？　瞬間とは時間なのだろうか？　瞬間を重ね合わせていくと幅のある時間となるのだろ

---

[1] バートランド・アーサー・ウィリアム・ラッセル（Bertrand Arthur William Russell, 1872-1970）は英国の哲学者．20世紀を代表する哲学者の一人で，その考察・研究分野は，論理学，数学（初期には数学者としてそのキャリアをスタートさせている）と多岐にわたる．1950年にはノーベル文学賞を受賞している．
　　数多の著作が日本語に翻訳されているが，より一般的な『西洋哲学史　上中下』（みすず書房，1954，1955，1956），『哲学入門』（ちくま学芸文庫，2005），『現代哲学』（ちくま学芸文庫，2014）の3点を挙げておく．
　　なお，ラッセル家は，7代続いた伯爵家で件のラッセルは3代目である．

うか？　いや，そんなはずはない！　なぜならば瞬間とはそもそも幅がないからこそ瞬間なのであり，幅のないものをどれだけ重ね合わせてもやはり幅は出現しないからだ．ということは，そもそも時間など存在しないと考えるべきなのだろうか？　問いは尽きないのである．

　もっと深刻な事態にも遭遇する．瞬間がわからないのと同様に表面なるものもよくよく考えてみると何が何だかわからなくなってくる．どういうことか？

　端的に述べよう．読者諸君よ，豆腐の切り口の表面に豆腐は存在するのか？　蒲鉾の切り口は蒲鉾か？　ヨウカンの切り口はヨウカンか？　･･･ そこに豆腐も蒲鉾もヨウカンも存在していない！　表面など食えないではないか！　ということは，瞬間をつかんだ途端に世界は消滅するということになりはしまいか？　いや，やはり，そもそも時間などないのか？

　表面が存在しないならば，じゃあ，中身は？　中身は中身を見ようとして切った瞬間にそれは表面である．ヨウカンを切ったら中身は現れない！　表面が現れる！　言葉遊びをしているのではない．どこまでも中身は現れないことは事実なのだ．

　なお，筆者は大学院時代に，こうした問いを考え続けて疲労困憊し，ほとんど発狂しそうになったものである．読者諸君よ，ご注意めされ･･･．

　時間など存在しない，かのように述べたが，これを論証した学者がいる．英国はケンブリッジの哲学者マクタガートによる時間否認論である．

　マクタガートは，時間をA系列とB系列に分けている．A系列は「過去」，「現在」，「未来」からなるもので，B系列は事物の（生じる事象の）先後関係であって「〜より前」「〜より後」という関係性で認識される．詳細を述べる紙幅はないが，簡潔にマクタガートの論理展開を述べると，以下のようになる．

John McTaggart
(1866-1925)

　マクタガートは，時間にとってより根源的なものはA系列であると述べる．で，しかる後に，事象Eは，かつては未来であったものが，やがて現在になり，過去になる．ということは，それぞれの段階で「Eは未来である」「Eは現在で

ある」「E は過去である」はすべて真ということになって，これは矛盾である．
なぜならば E を媒介にして未来も現在も過去もすべてが等価になってしまうか
らである．かくして，A 系列で表現されるような時間はリアルではない．とい
うことは，時間はリアルではない，と結論せざるを得ない[2]．

　ところでこの論理の結論を導く部分は非常に数学的である．なぜならば，
$E = Past$, $E = Present$, $E = Future$ ならば，$Past = Present = Future$ なのだ
から，矛盾であり，よって時間（この場合は数式の右辺である Past, Present,
Future）はリアルではない，と結論する論理展開になっているからである．

　ここで即座に気が付くように，マクタガートは左辺の E の存在は疑わなかっ
たが，もちろん論理的には左辺をリアルではない，とすることも可能である．
実際に，日本の哲学者，大森荘蔵は，左辺の E の存在を疑った[3]．つまり，過
去の事象 E はリアルではない，イリュージョンである，と述べるのである．過
去と思っているものは，いま現在，想起しているものにすぎず，それは未来に
ついても同じである．しかし，反面，時間はリアルに存在するのである．大森
にとっては，時間は悠久の流れのごとくリアルに存在している．しかし，その
流れに浮かぶ事象はあたかも鴨長明の方丈記に描かれた「うたかた」のごとく
心許なく幻のごとくなのである．

　さて，それにしても時間とは何であろうか？　聖アウグスティヌスは述べて
いる「時間とはそれが何かということを問われなければ私はそれが何かを知っ
ている．しかし，それが何かと問われれば私はそれが何かを知らないというこ
とを認めなければならない」[4]と．

2.　微分不可能性について

　本文の p.44 で述べた「微分不可能性」について簡潔に述べておく．

　微分とは，つまるところ曲線に接線を引き，その接線の傾きを求めることな
のだということから論を進めた．がしかし，すべての曲線に接線が引けるわけ
ではない．たとえば，その曲線が滑らかでない点には接線は引けない．ここで

---

[2] ジョン・エリス・マクタガート（永井均訳）『時間の非実在性』（講談社学術文庫，2017）
[3] 大森荘蔵，『時は流れず』，『時間と存在』，『時間と自我』（青土社，1996，1994，1992）な
どを参照のこと．
[4] 聖アウグスティヌス，『告白』（岩波文庫，1976）

滑らかでないというのは，たとえば四角形や三角形の頂点（角）のような状態
になっている場合である．こういう点を数学では特異点（シンギュラリティー）
と称する．

　また，不連続点にも接線は引けないし，曲線の端にも引くことはできない．
こういう箇所を微分不可能点と称している．図 I.1 を参照してほしい．

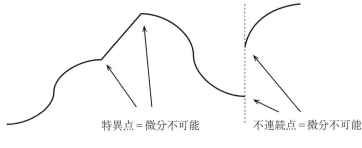

特異点＝微分不可能　　　　　　　不連続点＝微分不可能

図 I.1

3.　ニュートンとライプニッツ，そして関孝和

　微積分の開祖がニュートンであると言うとたいていの人は一瞬キョトンとす
る．で，「ニュートンって，あのニュートンですか？」とたいてい聞かれる．

　そう，あのニュートン，万有引力のニュートン，物理学者のニュートンであ
る．ニュートンは，英国にペストが大流行した年に，その大流行を避けるため
にケンブリッジから故郷ウールズソープへと避難していた．その折に，リンゴ
が樹から落下するのを見て万有引力を思いついた（発見した）と言われてい
る．―もちろん，これは後の創作であって，できすぎた話ではある．

　なお，ニュートンを単純に今日的な意味での理論物理学者と考えるわけには
いかない．もちろん，物理学が彼のファサード（建築学用語で「正面」の意）で
あることは事実である．しかし，それは彼の一面にすぎない．物理学以上に彼
が心血を注いだのは聖書の研究（その解釈）であったり，錬金術であったりと，
ニュートンは，今日の眼からするといささかドロドロとした魔術的な感が漂っ
ている人物なのである．しかし，ニュートンにとって，これらは科学と相反する
ものではなく，渾然一体となったものとしてあった．20 世紀になってニュート

ンの膨大な遺稿を整理した経済学者ケインズはニュー
トンを「最後の錬金術師」と述べているほどである.

　それにしてもニュートンほど数多の顔を持った人
物もそうそういないであろう. 晩年の彼は, 乞われて
ロンドンに赴き, 英国造幣局の長官を引き受けてい
る. ニュートンの主な仕事は, 当時, 出回っていた偽
金を駆逐し, 英国の貨幣の信用を取り戻すことであっ
た. この顛末はトマス・レヴェンソン（寺西のぶ子訳）
『ニュートンと贋金づくり—天才科学者が追った世紀
の大犯罪』（白揚社, 2012）に詳しい.

Sir Isaac Newton
(1643-1727)

　閑話休題‥‥. さて, 話を戻そう.

　そのニュートンが件の万有引力を定式化する際に用いたのが微積分であっ
た. ニュートンは自身の理論を（発想を）精密に表現するために微積分という
数学的な言語も同時に創造したのであった. これは後に, アインシュタインが
相対論を定式化する際にテンソル解析という新しい数学を友人のグロスマンか
ら教えてもらわなければならなかった逸話や, 量子力学の定式化に伴って当時
の物理学者にとっては新しい数学である線形代数が理論に入り込んで来ること
と相まって非常に示唆的である. 新しい理論はそれまで主流であった言語だけ
では充分に展開できない場合が多々あるからである.

　さて, しかしながら, 話はこれだけにとどまらない.
ニュートンが微積分を独自に開発していた同時期にドー
バー海峡を挟んだヨーロッパのど真ん中ドイツでは,
哲学者ライプニッツがこれまたまったく独自に同じ体
系である微積分を創り上げていたからである.

　二人は激しく先取権を争った. ニュートンに口汚く
罵られた哲人ライプニッツの晩年は, ドイツの政治的
混乱も影響していささか寂しいものであったと伝えら

Gottfried Wilhelm
Leibniz (1646-1716)

れている. 現在では, もちろんライプニッツの名誉は完全に回復されており,
微積分は, ニュートンとライプニッツが完全に独立して開発したものであると

されている．それどころか，微積分として実用的なのはライプニッツの方である，ということもほとんど共通見解になっていると言ってよいであろう．

関孝和 (1638 or 1642-1708)[5]

　微積分の発見についてはなんと，話はこれだけにとどまらない．さらに同時期に同じ体系を構築していた人物が日本にもいたのである．江戸時代の和算の大家，関孝和である．文化的共通性があるヨーロッパのイギリスとドイツならいざ知らず，なんの文化的疎通性もない日本でなぜこの時期に，同時に同じ体系が生み出されたのか？　こうしたシンクロ現象に対する説明は多々なされてきたが，おそらく最も説得力のありそうなものは，マルクス流の発展史観に基づく説明である．

　当時の江戸は（そして江戸時代全般は），世界史的に見ても非常に高度に洗練された進んだ文明であったと言われている[6]．マルクス史観によると，社会はその発展の諸段階において，ある段階にまで到達すると同じような制度，同じような概念を生み出すものと考えられる．すなわち，当時のヨーロッパも日本も高度に洗練された封建社会ができあがり，一方はその洗練の果てに高度な社会規範としての騎士道を生み出し，一方は武士道を生み出す．両者は，いわば発展の方向が異なっているだけで（故に異なった文明社会であったというだけで），文明のステージとしては同じレベルにまで発展しており，したがって，同等の概念である微積分なども同じように生み出されたのである，と．

　この説明ですべてが尽くされているのかはわからない．だが，確かにニュートンとライプニッツ，そして関孝和は同時に，かつ独立に微積分を創り上げたということは事実である．そして，それが単なる偶然であるとも思われないのである．

---

[5] 写真提供　富山県射水市新湊博物館高樹文庫

[6] たとえば，渡辺京二，『逝きし世の面影』（平凡社ライブラリー，2005）などを参照のこと（初版は，葦書房，1998）．

関数を積分するということ
——不定積分

　本章の最も重要なテーマは，積分とは何たるかを明らかにし，積分を定義することである．一口に微分積分，あるいは微積分と言うが，歴史的には求積法，特に面積を求めるための方法としての積分が最も古い．理論の発展をしっかりと辿るには求積法たる面積の話から始めるのがよいのだろうが，本書は理論的な一貫性と理解しやすさを重視してまずは不定積分を微分との関連から定義付ける．そしてしかる後に（次章で），求積法としての定積分を考察することとする．

1.　積分演算を定義する—不定積分

　演算としての積分とは結局のところ微分の逆演算である．通常，ある演算（この場合は微分）が定義されたらその逆演算も定義可能である．逆演算とは割り算に対して掛け算（掛け算に対して割り算），のように，逆向きに行えば元に戻ってくるような演算である．たとえば，÷2 の逆は ×2 なのだから互いに逆向きに行えば自分自身に戻ってくる．以上を踏まえて，不定積分を定義しよう．

　いま，$F(x)$ を微分すると $f(x)$ になるような関係に $F(x)$ と $f(x)$ があるのであれば，積分演算は $f(x)$ を $F(x)$ にするような演算，と定義できる．すなわち，以下は論理的に同値の言表であるということである．—ただし，この段階ではひとまず積分定数 C（後述）は無視している．

$F(x)$ を微分すると $f(x)$ である．

⇕

$f(x)$ を積分すると $F(x)$ である．

　これをさらに視覚的にチャート化すると，図 5.1 のようになる（やはり積分定数 C は無視している）．左から右へ向かうのが微分なら，右から左が積分であって，両者がまさしく円環の関係（すなわち逆演算の関係）にあることがわかる．

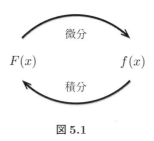

図 5.1

　微分と積分はこのように，互いが己自身に戻ってくるような関係性にある．ここで，関数 $F(x)$ を関数 $f(x)$ の不定積分，もしくは原始関数と定義する．

次に，積分記号を導入しよう.

関数 $g(x)$ を x で積分する演算は，インテグラル $\int$ と dx で $g(x)$ を挟み込み，$\int g(x)\,dx$ と書く．これで，関数 $g(x)$ を x で積分せよ，という意味になる.

かくして，上記した微分と積分の関係は，数学記号で以下のように書ける.

$$
\left.\begin{array}{c}
F'(x) = f(x) \\
\text{or} \\
\dfrac{dF(x)}{dx} = f(x)
\end{array}\right\} \Leftrightarrow \int f(x)\,dx = F(x) \quad (\text{積分定数はひとまず無視している})
$$

繰り返すが，上のチャートで左と右は同じ内容の別の表現である．また，あえて，左側をプライム記号とライプニッツ記法の両方で記した（もちろん，上も下も同内容である．また，ここであえてライプニッツ記法で記した理由は後述する）.

「微分の逆演算としての積分」をさらに具体化しよう.

われわれは，すでに代表的な関数の微分は熟知しているが，これをあらためて以下に列記すると，

$$(x^n)' = nx^{n-1}$$

$$(\sin x)' = \cos x$$

$$(\cos x)' = -\sin x$$

$$(\log x)' = \frac{1}{x}$$

$$(e^x)' = e^x$$

などであった．これらはいわば，図 5.1 の左から右へ向かう等式であるが，今度は，この逆向き（右から左）を考える．すると，不定積分の公式，

$$\int x^m\,dx = \frac{1}{m+1}x^{m+1}$$

$$\int \sin x\,dx = -\cos x$$

$$\int \cos x\,dx = \sin x$$

$$\int \frac{1}{x}\,dx = \log x$$

$$\int e^x\,dx = e^x$$

が得られる（しつこいがこの段階では積分定数を無視している）.

　微分形で書かれた上の公式と積分形で書かれた下の公式をよく見比べてほしい. また, 積分形で書かれた公式の右辺を微分すると, 左辺のインテグラルの中の関数になることもしっかりと確認してほしい.

　さて, そこで, 積分定数 C についてである. 微分で学習したように, 定数は微分すると 0 になった. ということは, 上記の積分形で書かれた公式の右辺に定数 C を付加しても逆演算として定義してきた積分演算には何一つ影響を残さないことがわかる. したがって, 正しい不定積分の公式は, 積分定数 C を足して以下のように書かれる.

$$\int x^m\,dx = \frac{1}{m+1}x^{m+1} + C$$

$$\int \sin x\,dx = -\cos x + C$$

$$\int \cos x\,dx = \sin x + C$$

$$\int \frac{1}{x}\,dx = \log x + C$$

$$\int e^x\,dx = e^x + C$$

以上のことをさらに別の言葉で言い換えれば, 「積分とは, 微分するといままさに積分しようとしている関数になるような関数をみつけること」と述べることもできるであろう. すなわち, 逆算ということである. 実際, 積分の計算に慣れてくると, 自然に, 微分すると積分しようとしている関数になるような関数を探す, という思考をしていることに気が付く. この発想は非常に重要である. 是非とも内省的に自身の思考を認識してほしい. それが充分に認識できるようになれば本節の内容を理解した証である.

　以下に, どうしてもスラスラとできるようになっておくべき不定積分の計算問題を挙げておく. これは, 確実にできるように練習されたし.

> **問 5.1**　以下を積分せよ．積分定数はいずれも C とせよ．
>
> (1) $\displaystyle\int (x^5 + 2x^3)\,dx$ 　　　(2) $\displaystyle\int (3x^{-5} + x^2 - 5x)\,dx$
>
> (3) $\displaystyle\int (x - 1)(x + 1)\,dx$ 　　　(4) $\displaystyle\int (x^3 + x + 5)\,dx$
>
> (5) $\displaystyle\int x^6\,dx - 4\int \frac{1}{x^2}\,dx + \int dx$ 　　　(6) $\displaystyle\int x(x + 1)(x + 2)\,dx$

2.　　部分積分の公式を考える

　本節では，微積分を学ぶと必ずお目にかかる部分積分の公式について考える．この公式はいささか曰く付きの公式で，高校数学でも学習するのだが，ほとんど天下り的に理由もなく提示されている場合が多いようである．しかし，微分と積分の繋がりを考えるとこの公式は，積の微分公式を積分形で表したにすぎないことが容易にわかる．つまり，本節は，前節で述べた，積分は微分の逆演算である，ということを部分積分の公式を使って解説しようというのである．

　まずは，部分積分の公式を示すことから始めよう．以下である．

$$\int f'(x)g(x)\,dx = f(x)g(x) - \int f(x)g'(x)\,dx$$

これを，積の微分公式

$$\{f(x)g(x)\}' = f'(x)g(x) + f(x)g'(x)$$

より導出する．難解そうに見えるが，前節で述べた微分と積分の関係に注意すると，この 2 つの数式が同内容であることは，実はこの段階でも明白なのである．がしかし，そう述べて説明を止めるわけにもいかないので，実際に行おう．まずは，両辺を積分する（インテグラルを乗じる）と，以下のようになる．

$$\int \{f(x)g(x)\}'\,dx = \int f'(x)g(x)\,dx + \int f(x)g'(x)\,dx$$

この式の左辺をよく眺めてみると，「$f(x)g(x)$ を微分し，そして積分する」という形になっていることがわかる．$f(x)g(x)$ を微分して $\{f(x)g(x)\}'$ と書かれることに注意すると，つまり，下図 5.2 である．

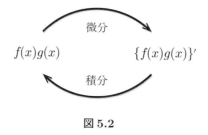

微分

$f(x)g(x)$　　　$\{f(x)g(x)\}'$

積分

図 5.2

したがって，左辺は，$f(x)g(x)$ となって，

$$f(x)g(x) = \int f'(x)g(x)\,dx + \int f(x)g'(x)\,dx$$

項を移項すれば，導出すべき部分積分の公式

$$\int f'(x)g(x)\,dx = f(x)g(x) - \int f(x)g'(x)\,dx$$

である（慣習的に積分定数は部分積分の公式には書かれない場合がほとんどである）．なお，次節の最後に挙げた導出方法についても各自で確認しておいてほしい．

　この公式にまつわる例題を 1 つ挙げておこう．

例題 5.1　$\displaystyle\int x\cos x\,dx$ を求めよ．

解答

(1) 露骨に公式に入れる方法から示そう．

　まず，公式に代入するために，$f'(x) = \cos x, g(x) = x$ とみなそう．すると，$f(x) = -\sin x, g'(x) = 1$ なので，

$$\int x\cos x\,dx = x\sin x - \int \sin x\,dx$$

となる．$\displaystyle\int \sin x\,dx = -\cos x$ なので（積分定数は無視して），

$$\int x\cos x\,dx = x\sin x + \cos x$$

である（積分定数は無視する）．

右辺を微分してインテグラルの中の形になることを確かめてみよ.

(2) 次に, 積分と微分が互いに逆演算の関係にあること, あるいは, 結果から逆算してくるような方法を示そう.

まず, $x \sin x$ を微分してみよう. すると,

$$(x \sin x)' = \sin x + x \cos x$$

である. この両辺を積分すると,

$$\int (x \sin x)' \, dx = \int \sin x \, dx + \int x \cos x \, dx$$

となる. これで, $\int x \cos x \, dx$ が右辺の第2項に出てきた. 整理できる (計算できる) 箇所を整理すると, $x \sin x = -\cos x + \int x \cos x \, dx$ となり, たしかに,

$$\int x \cos x \, dx = x \sin x + \cos x$$

である (積分定数は無視する).

これはまさしく逆算であって, $x \sin x$ を微分してその結果を積分すると, $\int x \cos x \, dx$ という形が出てくる, ということを最初から見越しているのである. もっとも, $(x \sin x)' = \sin x + x \cos x$ なのだから, 右辺の第2項は確かに欲しい形になるが, 第1項は望む形ではないし, インテグラルを乗じて積分する場合に下手をするとうまく積分できない (したがって, 問題が別の積分問題になっただけという) 場合もあるだろう. しかし, そこは, いってみれば出たとこ勝負なのである. ところが, 慣れてくると, 第1項に出てくる関数をちゃんと処理できるような関数に落ち着かせる術が身についてくる.

積分演算は, かなり経験的なところがあるのだが, それは積分が微分の逆算的な演算だからである.

この逆算の発想には是非とも習熟してほしい. 先にも述べたが, これに習熟することが, 微積分をどこまで理解したかの試金石にすらなるのである.

その他, 諸々の事例は, 章末の練習問題に挙げておく. ここで紹介した例題の解法パターン等々を自分で確認することで微分と積分の関係性に習熟してほしい.

3.　ライプニッツ記法の優位性—微分方程式序論

　微分について解説した際にもライプニッツ記法が積分との関係において非常に便利である旨を述べた．ここで，その優位性をあらためて詳述すると共に，微分方程式の威力についても簡単に説明しよう．

　また，後段で経済学の数学化の権化のごとき金融工学について若干の私論を述べておく．

　さて，まずはライプニッツ記法の優位性についてである．

　本章の第 1 節で「$F(x)$ を微分すると $f(x)$ である」のであれば，「$f(x)$ を積分すると $F(x)$ である」のだと述べて，この内容的同値性を述べた．この微分形をライプニッツ記法で書いてみる．すると，

$$\frac{dF(x)}{dx} = f(x)$$

である．左辺は分数の形になっているので，dx を両辺に掛けて，

$$dF(x) = f(x)\,dx$$

としてみる．そして，両辺を積分すると（インテグラルを乗じてみると），

$$\int dF(x) = \int f(x)\,dx$$

となる．左辺は，定数である 1 を $F(x)$ で積分する（$F(x)$ 自体をひとつの変数とみなして積分する），という形になっているので，$\int dF(x) = F(x)$ である．したがって，上記の式は，

$$F(x) = \int f(x)\,dx$$

となる．積分定数 C を付ければ，$F(x) + C = \int f(x)\,dx$ となり，いずれにせよ，微分と積分の関係性をごく自然に導出した．

　この手法は，微分方程式を解くための初歩的な手法でもある．たとえば，以下のような場合である．

例題 5.2　$\dfrac{dy}{dx} = x^5 - 2x^3$ と表されるときの y を求めよ．

解答　dx を両辺に掛けると，$dy = (x^5 - 2x^3)\,dx$ である．両辺にインテグラルを掛けて，

$$\int dy = \int (x^5 - 2x^3)\,dx$$

したがって，

$$y = \frac{1}{6}x^6 - \frac{1}{2}x^4 + C \qquad （C \text{ は積分定数}）$$

である．

　通常，自然科学の法則は微分方程式の形で表現される場合が多い．物理学の理論の場合はほぼ例外なくそうである．自然科学に限らず，未来予測型の理論の多くは微分方程式の形で表現される．

　微分というのは，いわばその点であり，時間的にはその瞬間である．自然科学は（そして自然科学を範とする学は），かかる瞬間的点の情報を集積させることで未来を予見しようとするのである．微分方程式の背後にある思考とはこのようなものである．そしてこれを解くということは，瞬間的点から時空間的広がりを持った数式を導き出すということである．積分とは微小ではなく，全体だからである．

　経済学の理論もこうした思考のただ中にある．特に，金融工学にまつわる理論はそうした傾向が特に濃厚である．この30〜40年の間（特に著しくはこの20年間），多くの物理学者と数学者が金融工学へと進出し，かつてはディーラーの勘に頼っていた投機を徹底的に数学化していった．彼らのことを金融業界ではクォンツ（Quants）と呼ぶ．

　クォンツ達は，それまでの古くさいディーラーが幅をきかせる金融業界にあって高度な数学を自在に駆使して次々と成果を出していった．その大きな理論的達成と発展の重要な契機となったのがいわゆるブラック・ショールズ方程式という微分方程式の定式化であったと言われる（1973年）．

　しかしながら，結局のところクォンツ達は投機の世界を支配することはできなかった．それどころか，理論的に支配し，理解したと思った矢先に株価は幾度も暴落し，あるいは乱高下を繰り返したからである．そして膨らんだバブルはまさに幻のごとく綺麗にはじけ飛んだのである．件のブラック・ショー

ルズ方程式の生みの親たるショールズも自身のファンド Long Term Capital Management（LTCM）を破綻させるに至った（1998 年に LTCM を，2008 年には自身のヘッジファンドを）．

　現在もまだ，金融工学の手法は有効である，… と少なくとも見なされている．しかし，それは結局のところ何も生み出さず，ただただ混乱を生み出しただけではなかったか，というのが筆者の偽らざる想いである．科学が巨大な力を保持するようになればなるほどその災禍も大きくなったのと同じように．

　確かに人類がこの分野で成功をしたのか失敗をしたのか（失敗しつつあるのか）はいまだわからないのかもしれない．少なくともこの分野の研究者はまだ諦めていないだろうし，いまもまだ次々と新しい理論を生み出している．だが，やはり筆者は失敗だったと思っているし，今後も同様に成功であったと言える日など来ないと思っている．なぜならば，この種の投機は結局のところ何も生み出さないからである．過去にも未来にも，何も生み出さないものが成功し，栄えることなどないのである．それはいつまでも虚栄にすぎない．

　そもそも金融は実業に供するものであった．モノを作り（造り，あるいは創り），モノを売ってこその経済であり，われわれの生活である．金融はそうした実の部分を補助するものとして発展してきたのだし，またそうであるべきであった．しかしながら，今日，金融は肥大化して実業を圧迫するまでになっている．虚である金融の動向が実業を支配するまでになったのである．すなわち，虚実が逆転してしまっている．しかも，株式会社は，この虚の側であるはずの株主のモノとされ（そうした考え方が先進的でスタンダードであるとされ）実である会社は，ひたすら虚へと利益を供給するだけのシステムと化してしまったかのごとくである．ということは，多くの人々がそうしたシステムの一部と化したということでもある．

　いささか論理が飛躍していることを承知の上で述べるのだが，昨今の看過できかねるまでの格差の源は結局のところここにあるのである．

　こうした事態に対して，俊英なベンチャー・キャピタリストである原丈人は手厳しく批判している．曰く，「架空の前提に立って，さらに数式で表現できない部分を捨て去ることで組み立てられているものこそ「金融工学」なのであ

る」と. そして続けて,「本質的なことについては何もできないのに,「数式で表せないことは非科学的」などといって除外し, 自分たちの小さな頭の中で組み立てた貧弱な前提条件だけをもとに経済学という「疑似サイエンス」に仕立て上げているだけにすぎないものこそ, 金融工学にほかならない」とすら述べる. また, 金融工学がマーケットで動き回ることを遺伝子治療が無制限に行われることと同じくらい危険なことだと述べて, 金融工学は実験室へ帰れ, とまで述べている[1].

　いずれにせよ, 今後の動向を冷静に分析し考察するためにも, 理論を書く言葉である微分方程式の知識はどうしても必要である.

　本章の最後に, 形だけでもブラック・ショールズ方程式（偏微分方程式）を紹介しておこう.

$$r \cdot f(S,t) = \frac{\partial f(S,t)}{\partial t} + r \cdot S \cdot \frac{\partial f(S,t)}{\partial S} + \frac{1}{2}\sigma^2 S^2 \cdot \frac{\partial^2 f(S,t)}{\partial S^2}$$

である. ここで, t は時間で, その他は,

　S：株価

　σ：株価のボラティリティ

　r：非危険利子率

　$f(S,t)$：一株当たりのコールオプションの価格

である.

　この方程式は以下のような考え方から成立している. 石村貞夫・石村園子,『増補版 金融・証券のためのブラック・ショールズ微分方程式』（東京図書, 2008）の解説に沿って, 非常に大雑把に紹介しておく.

　まず, 根幹にあるのは数学でいうところのランダム・ウォークである（物理学の言葉に置き直すと結局のところブラウン運動[2]である）. ランダム・ウォークとは酔っ払いが千鳥足で歩いた軌跡で, ある基準点から次の瞬間に右に踏み

---

[1] 原丈人,『新しい資本主義』（PHP 新書, 2009）pp.18-19.
[2] ブラウン運動とは, たとえば, 液体の中にある微粒子が液体の分子に方々から力を受けて溶液中をフラフラと不規則に浮遊する様子を指す. 19世紀初頭には知られていたが, これを分子・原子の存在を決定づける理論へと適用したのがアインシュタイン（アルベルト・アインシュタイン, Albert Einstein: 1879-1955. 相対性理論で有名なあのアインシュタインである）である.

出すか左に踏み出すかをそれぞれ50%であるとして，次々に歩を進めてゆくのである．すると，かろうじて前進はするが，右に行ったり左に行ったりという酔っ払いがフラフラと歩いたような軌跡ができあがる．以下である．

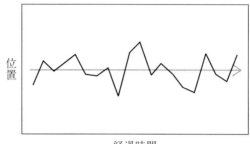

位置

経過時間

図 5.3

これに右肩上がりになるような重みを乗じると，図5.4のようになる．

なかなか一見しただけでは右肩上がりになっていることが見えないだろうが，よくよく観察してみてほしい．トレンドとして右肩上がりであることが見いだせるであろう（図中の矢印）．

もちろん，これだけではないが（上に紹介したような様々な変数が付加されてくるが），その根幹は結局のところこういうことであって，大筋では間違っていない．ツッコミどころ満載であるが，これをどのように考えるかは読者にまかせよう．

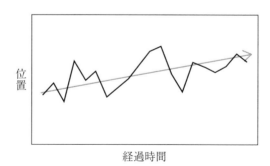

位置

経過時間

図 5.4

5-1 まずは小手調べとして，部分積分の公式 $\displaystyle\int f'(x)g(x)\,dx = f(x)g(x) - \int f(x)g'(x)\,dx$ を，積の微分公式の左辺をライプニッツ記法で書いて，それを本節で示したような積分の手法で導出してみよ.

5-2

(1) 微分方程式 $\dfrac{dy(x)}{dx} = x^3 + 3x^2 - x$ を解け.

(2) 微分方程式 $\dfrac{dy(x)}{dx} = 5x^4 - \dfrac{1}{2}x^3 + \dfrac{1}{x^2}$ を解け.

(3) 微分方程式 $\dfrac{dy(x)}{dx} = 3x^2 - 2x$ を解け. ただし，積分定数は，$x = 1$ のとき $y = 1$ となるように，つまり，$y(1) = 1$ となるように積分定数を確定せよ. (本問は本文中で解説していないが，理解していれば解けるはずである. チャレンジされたし.)

(4) 微分方程式 $\dfrac{dy(x)}{dx} = x\cos x$ を解け. (部分積分の公式を参考にせよ.)

(5) 微分方程式 $\dfrac{dy(x)}{dx} = x^2\sin x$ を解け. (部分積分の公式を参考にせよ.)

5-3 $\displaystyle\int \sin x\cos x\,dx$ を求めたい. 以下に示す3つの方法で求めよ.

(1) 部分積分の公式に機械的にそのまま代入することで $\displaystyle\int \sin x\cos x\,dx$ を求めよ.

(2) $\sin^2 x$ を微分し，その結果を積分することで $\displaystyle\int \sin x\cos x\,dx$ を求めよ.

(3) $\cos^2 x$ を微分し，その結果を積分することで $\displaystyle\int \sin x\cos x\,dx$ を求めよ.

5-4 $\displaystyle\int \cos^2 x\,dx$ を求めたい. 以下に示す2つの方法で求めよ.

(1) 部分積分の公式に機械的にそのまま代入することで $\displaystyle\int \cos^2 x\,dx$ を求めよ.

(2) $\sin x\cos x$ を微分し，その結果を積分することで $\displaystyle\int \cos^2 x\,dx$ を求めよ.

(3) $\displaystyle\int \sin^2 x\,dx$ を求めるにあたって，上記の (1)(2) と同じ手法で求めよ.

(なお，必要ならば，公式 $\sin^2 x + \cos^2 x = 1$ を用いよ.)

5-5 問題 **5-2** の (4) と (5) は部分積分の公式を用いて計算した. これを問題 **5-3**

と問題 **5-4** の（2）と（3）で検討した手法を用いて解け．

5-6 $\displaystyle\int \log x \, dx$ を以下の手法（発想）で求めてみよう．

（1） $x \log x$ を微分せよ．

（2） （1）を参考にして $\displaystyle\int \log x \, dx$ を求めよ．

5-7 $\displaystyle\int e^x \sin x \, dx$ を以下の手法（発想）で求めてみよう．

（1） $e^x \cos x$ を微分せよ．

（2） （1）を参考にして $\displaystyle\int e^x \sin x \, dx$ を求めよ．

定積分法──面積・体積を求める

　本章では，一般的に積分の求積法としての側面を説明する．前章の序文でも述べたように，微積分として一括りにされるが，歴史的には面積を求めるために発展した求積法が微積分の中で最も古い．それは主に耕地の面積の広さを求める方法として発展したと言われる．

　ところで，われわれは日常的に面積と体積を区別しがちであるが，数学的には面積とはすなわち 2 次元の体積である（ということは，1 次元の体積なるものも定義上存在する）．つまり，体積とは通常は 3 次元の物体の容量のことであるが，数学的には抽象的なものであって，4 次元にも体積があり，5 次元にだって体積がある．これらは，積分のパラメーターの数である．

　本書では，できるだけ理論的な一貫性を重視したいと考えている．そこで，次のような論理展開をとろうと思う．まず，面積を求めるとそれが必然的に積分の演算と関連付けられることから，不定積分から定積分への橋渡しを行う．もちろん演繹的に証明しようとすると非常に難解な話になるが，本書のレベルでできるかぎりの一貫性を担保する展開で論を進める．それでも難解な箇所が存在するのだが，読者にあっては，なんとかその雰囲気だけでも把握，体感するよう努めてほしい．

1.　面積を求める

　まずは，定積分を面積として提示するところから始めて，これがいかに前章
の不定積分と関連するかを帰納的に導出することを試みよう．そして，最後に，
この面を回転させることで3次元の体積となることを示そうと思う．なお，面
積は2次元の体積のことで，これをたまたま（おそらくは身近であるから）面
積—Space—と呼ぶのである．

　さて，関数 $y = f(x)$ と $x = \alpha$，$x = \beta$，および x 軸 $(y = 0)$ が取り囲む面積
S は，次のように定義される．すなわち，$S = \displaystyle\int_{\alpha}^{\beta} f(x)\,dx$ であり，不定積分が
$\displaystyle\int f(x)\,dx = F(x)$ であった場合，$S = \displaystyle\int_{\alpha}^{\beta} f(x)\,dx = \Big[F(x)\Big]_{\alpha}^{\beta} = F(\beta) - F(\alpha)$
である．これを図示すると以下となる．

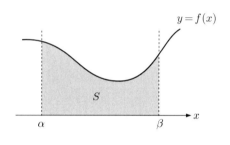

図 6.1

　では，なぜこのようにして面積が求められるのか？　ここで新しく出てきた
インテグラルの右横に付いている α と β の意味，$\Big[F(x)\Big]_{\alpha}^{\beta}$ の意味なども含め
て，以下でより一般的に考察してゆくことでクリアーにしよう．

　ただし，この一般論を一般論として貫徹するのは非常に難解なので，具体例
をこの一般論に沿って展開し，この一般論が確からしい，という論理展開を行
うつもりである．

　曲線 $y = f(x)$ と x 軸と $x = \alpha$，$x = \beta$ が囲む面積を求めるとしよう．この
面積を求めるにあたって，微小幅 h の短冊状の面積を次々に加算してゆくこと
を考える．すなわち，図 6.2 のような状態である．

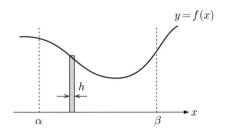

図 6.2

　この幅 h の短冊の面積は，これを $x = x_{\mathrm{P}}$ の場所にセットしたら，微小面積 $s = f(x_{\mathrm{P}})h$ と表される．この微小面積 s を $x = \alpha$ から $x = \beta$ までずらっと並べてそれらの面積をすべて加算するのである．

　つまり，

$$S_h = f(\alpha)h + f(\alpha + h)h + f(\alpha + 2h)h + f(\alpha + 3h)h + \cdots + f(\beta)h$$

を行う．ここで，S_h としたのは，まだ h には微小ではあるが幅があるために，全体が滑らかに曲線に沿ってはおらず，いわばいくらかガタガタしているからである．このガタガタをなくすには，$h \to 0$ の極限をとればよい．すなわち，

$$S = \lim_{h \to 0} S_h = \lim_{h \to 0} \sum_{n=1}^{(\beta-\alpha)/h - 1} f(\alpha + (n-1)h)h$$

を行う．この和を微積分では，リーマン和と呼ぶ．先に述べたように，これを一般的に行うのは本書のレベルを超えている．だが，面積はこのように定義されるのである．

　さて，上記の和を一般的に求めるのはいささか困難だが，曲線 $y = f(x)$ を具体的な形にしておけば可能である．たとえば，最も単純な $f(x) = x$ について，x 軸と $x = \alpha$，$x = \beta$ が囲む面積を求めてみることにしよう．すなわち，図 6.3 の面積である．

　まず，この面積は，単純に幾何学的に（小学校で習った方法で）求めることができて，$S = \dfrac{1}{2}\beta^2 - \dfrac{1}{2}\alpha^2$ であることを確認しておこう（後で，この結果と以下で行う面積を加算する方法で求めた結果が同じになることを確認するとしよう）．

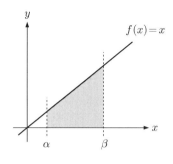

図 6.3

さて，では，面積の加算を実際に行ってみる．まずは，

$$f(\alpha)h = \alpha h,\ f(\alpha + h)h = (\alpha + h)h,\ f(\alpha + 2h)h = (\alpha + 2h)h, \ldots$$

なので，求める和は（極限をとる前のガタガタの面積としての和は），以下のようになる．

$$S_h = h[\alpha + (\alpha + h) + (\alpha + 2h) + \cdots + \beta]$$

ここで，$\beta = \alpha + (n - 1)h$ であるとして，幅 h の短冊は，α から β までの間に n 個あるとしておく．

さらに，極限をとる前に [ ] の内部を処理しておこう．[ ] 内をよく見ると，初項 α，公差 h の等差数列となっているので，一般項は，$a_k = \alpha + (k - 1)h$ となって，和を求めるのは簡単である．すなわち，[ ] 内の和は，$[2\alpha + (n - 1)h]\dfrac{n}{2} = n\alpha + \dfrac{1}{2}hn(n - 1)$ となり，つまり，

$$S_h = h\left[n\alpha + \frac{1}{2}hn(n - 1)\right]$$

である．

さて，微小幅 h の短冊は，α から β までの間に n 個あるのだから，$h = \dfrac{\beta - \alpha}{n}$ である．すると，上式は，

$$S_h = \frac{\beta - \alpha}{n}\left[n\alpha + \frac{1}{2}\frac{\beta - \alpha}{n}n(n - 1)\right]$$

$$= (\beta - \alpha)\left[\alpha + \frac{1}{2}(\beta - \alpha)\frac{n - 1}{n}\right] = (\beta - \alpha)\alpha + \frac{1}{2}(\beta - \alpha)^2\left(1 - \frac{1}{n}\right)$$

となる．ここで，極限をとって $S_h \to S$ とするのであるが，$h \to 0$ ということ

は，$n \to \infty$ なので，

$$S = \lim_{n \to \infty} \left[(\beta - \alpha)\alpha + \frac{1}{2}(\beta - \alpha)^2 \left(1 - \frac{1}{n}\right) \right]$$

$$= (\beta - \alpha)\alpha + \frac{1}{2}(\beta - \alpha)^2$$

$$= \frac{1}{2}\beta^2 - \frac{1}{2}\alpha^2$$

となる．かくして，最初に幾何学的に求めておいた結果と確かにそろった！
したがって計算は間違っていない！

　ここで，この結果をよく吟味してみよう．すると，$\frac{1}{2}\beta^2 - \frac{1}{2}\alpha^2$ は，次のような形になっていることに気が付く，

$\frac{1}{2}\beta^2 - \frac{1}{2}\alpha^2$

　　$= (x を不定積分して x = \beta を代入) - (x を不定積分して x = \alpha を代入)$

つまり，$\frac{1}{2}\beta^2 - \frac{1}{2}\alpha^2 = \left[\int x\,dx \right]_{x=\beta} - \left[\int x\,dx \right]_{x=\alpha}$ である．この右辺を今
後，以下のように書くことにする．

$$\left[\int x\,dx \right]_{x=\beta} - \left[\int x\,dx \right]_{x=\alpha} \Rightarrow \int_\alpha^\beta x\,dx = \left[\frac{1}{2}x^2 \right]_\alpha^\beta = \frac{1}{2}\beta^2 - \frac{1}{2}\alpha^2$$

　すなわち，面積について，以下のように一般化されると推測される．つまり，曲線 $y = f(x)$ と x 軸と $x = \alpha$，$x = \beta$ が囲む面積 S は，不定積分が
$\int f(x)\,dx = F(x)$ だとして，

$$S = \int_\alpha^\beta f(x)\,dx = \left[F(x) \right]_\alpha^\beta = F(\beta) - F(\alpha)$$

となるのである．

　いま，上記では推測される，と述べたが，もちろんこうすることで面積が求められるのである（次ページ $f(x) = x^2$ の場合についても参照のこと．また，
問 6.1 に定値関数 $f(x) = k$ のリーマン和についての問題を挙げておくので，自力で解いてみるとよい）．

　ただし，ここで注意しなくてはならない重要なポイントがある．グラフが x
軸より下，つまり負になった場合には面積も負になる，ということである．実際に具体的に行ってみる．

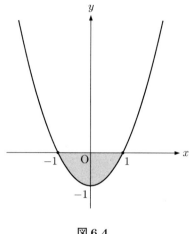

図 6.4

　たとえば，$y = x^2 - 1$ のグラフは図 6.4 のように $x = -1$ から $x = 1$ で負の領域にはみ出てくる．

　負の領域にはみ出した部分 $x = -1$ から $x = 1$ で積分を行ってみると，

$$\int_{-1}^{1} (x^2 - 1)\,dx = \left[\frac{1}{3}x^3 - x \right]_{-1}^{1} = \left(\frac{1}{3} - 1 \right) - \left(-\frac{1}{3} + 1 \right) = -\frac{4}{3}$$

となって面積がマイナスになってしまう．そこで，純粋に面積を求める場合には，絶対値を付けるなど，注意しなければならない．

　この面積が負となることに付随する事柄については，問 6.2 と章末の練習問題でさらに確認してほしい．

　なお，グラフが y 軸に対称になっているので，上記の計算は以下のようにしてもよい．

$$\int_{-1}^{1} (x^2 - 1)\,dx = 2 \int_{0}^{1} (x^2 - 1)\,dx = 2 \left[\frac{1}{3}x^3 - x \right]_{0}^{1} = 2 \left(\frac{1}{3} - 1 \right) = -\frac{4}{3}$$

——《難》——

　以上でエッセンスは尽きているのだが，帰納推論としては 1 つではいささか心許ない感が否めない．そこで，もう 1 つ行っておこう．$f(x) = x^2$ についてである，ただし，これはかなり複雑な計算になるので自信のない人は以下を飛

ばしてもよい（読み飛ばしても以後の理解に一切関係はない）.

$f(x) = x^2$ についても上述してきたことと同じことをするのだから，まずは，

$$S_h = f(\alpha)h + f(\alpha + h)h + f(\alpha + 2h)h + \cdots + f(\alpha + (n-1)h)h$$

を考える.（なお，α から β まで加算するのだから，$\alpha + (n-1)h = \beta$ である.）

さて，上式は，具体的に，

$$S_h = \alpha^2 h + (\alpha + h)^2 h + (\alpha + 2h)^2 h + \cdots + (\alpha + (n-1)h)^2 h$$

である. 実際に計算すると，

$$S_h = h[\alpha^2 + (\alpha^2 + 2\alpha h + h^2) + (\alpha^2 + 4\alpha h + 4h^2) + (\alpha^2 + 6\alpha h + 9h^2) +$$
$$\cdots + (\alpha^2 + 2(n-1)\alpha h + (n-1)^2 h^2)]$$

つまり，

$$S_h = h[n\alpha^2 + \alpha h(2 + 4 + 6 + \cdots + 2(n-1))$$
$$+ h^2(1 + 4 + 9 + 16 + \cdots + (n-1)^2)]$$

$$S_h = hn\alpha^2 + h^2\alpha \sum_{k=1}^{n-1} 2k + h^3 \sum_{k=1}^{n-1} k^2$$

計算すると，

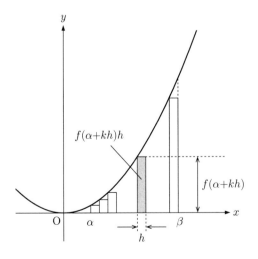

図 6.5

$$S_h = hn\alpha^2 + h^2 n(n-1)\alpha + h^3 \frac{1}{6}(n-1)n(2n-1)$$

である．また，ここでも，$h = \dfrac{\beta - \alpha}{n}$ なので，これを代入すると，

$$S_h = (\beta - \alpha)\alpha^2 + (\beta - \alpha)^2 \alpha \left(1 - \frac{1}{n}\right) + (\beta - \alpha)^3 \frac{1}{6}\left(2 - \frac{3}{n} + \frac{1}{n^2}\right)$$

すなわち，

$$\begin{aligned}
S &= \lim_{h \to 0} S_h \\
&= \lim_{n \to \infty} \Bigl[(\beta - \alpha)\alpha^2 + (\beta - \alpha)^2 \alpha \left(1 - \frac{1}{n}\right) \\
&\qquad\qquad + (\beta - \alpha)^3 \frac{1}{6}\left(2 - \frac{3}{n} + \frac{1}{n^2}\right) \Bigr] \\
&= (\beta - \alpha)\alpha^2 + (\beta - \alpha)^2 \alpha + \frac{1}{3}(\beta - \alpha)^3
\end{aligned}$$

したがって，

$$S = \frac{1}{3}\beta^3 - \frac{1}{3}\alpha^3$$

となる．かくして，たしかに，定積分 $\displaystyle\int_\alpha^\beta x^2\,dx = \left[\frac{1}{3}x^3\right]_\alpha^\beta = \frac{1}{3}\beta^3 - \frac{1}{3}\alpha^3$ が面積となると結論してもよさそうである．

　すなわち，微小面積を加算した結果，面積は，上記してきた定積分なる手法を用いて計算できる，ということが判明するのである．

問 6.1　定値関数（ずっと値が同じ関数）$y(x) = k$ と $x = \alpha$ と $x = \beta$，x 軸が囲む面積は，（面積）＝（縦）×（横）で求めると $k\beta - k\alpha$ となるが，これを実際に幅 h の微小面積を加算して（つまり実際にリーマン和を求め），最後に $h \to 0$ の極限をとることでも同様の結果となることを確認せよ．

　また，その結果が，不定積分 $\displaystyle\int k\,dx = kx + C$ に $x = \beta$ を代入したものから $x = \alpha$ を代入したものを引いたものに等しいことを確認せよ．

問 6.2

(1)　2 次曲線 $y = x^2 + 5$ と x 軸，$x = -1$，$x = 3$ が囲む面積を求めよ．

(2)　3 次曲線 $y = x^3$ と x 軸，$x = 0$，$x = 2$ が囲む面積を求めよ．

(3)　3 次曲線 $y = x^3$ と x 軸，$x = -2$，$x = 2$ が囲む面積を求めよ．

(4)　2 次曲線 $y = -x^2 + 1$ と x 軸，$x = -2$，$x = 2$ が囲む面積を求めよ．

(5)　2 次曲線 $y = x^2 - 4x + 4$ と x 軸，$x = 0$，$x = 2$ が囲む面積を求めよ．

本節に関連する具体的な面積の問題は章末の練習問題に掲載しておく.

とりわけ, 本節の面積については, 考え方の概要を述べたにすぎない. 運用上の細々としたことについては練習問題の中で解説しようと思う. しっかりと学んでおきたい読者は, 練習問題にも注意を払ってほしい.

付記　社会科学上での応用について

さて, 定積分をどのように経済学・経営学に適用すると便利だろうか?　単純な例は, たとえば, 今後 5 年とか 10 年とかの人件費を概算する, などという場合である. もちろん, 個々人の給与の伸びはわからないが (個々人の努力によって変化するだろうから), 過去の事例から平均的なことは判明していて, 給与所得は, 平均的に関数 $y = f(t)$ で増加するとする (変数 t は時間である). この場合, いま現在を基準点 $t = 0$ として 5 年後は (初任給) $+ \displaystyle\int_0^5 f(t)\,dt$, 10 年後は (初任給) $+ \displaystyle\int_0^{10} f(t)\,dt$ となるはずである. これを全従業員にわたって行えば予測される人件費が概算できる.

このように定積分を, 社会現象に適用する場合は, 主に累積を旨とする現象についてである. もちろん, もっと複雑な経済現象にだって適用可能ではある. しかし, 筆者が, 数学を経済学や経営学に露わに適用することに疑問を持つのは, どうも, 数学など使わなくとも充分に議論可能なことやわかることをわざわざ数学を使って権威付けしているかに見えるからである. しかも, 未来予測性も厳密性もほぼない. たとえば, 上記の例で言えることは, 現状がこのまま続けばどうなるか, というだけである (それすらも本当は積分などする必要はない!).

まあ, 要するに, 筆者がどこかの会社に採用されることになって「生涯賃金はいくらほどになりますか?」と聞いたら, 担当者が嬉々として「お待ち下さい, これから積分しますから」などと言い出して積分を始めたら絶対にその会社には入社しない, ということである. 正しいけれどやっぱり何かが決定的におかしいからだ. このおかしさが「学問」となるとどうも通用しない. おかしいとは思われないようなのである. なぜだろうか…?　おそらく, この背後

には経済学や経営学が密かに抱く数学や精密科学への憧れ（という名のコンプレックス）が潜んでいるのではないかと筆者は穿っているのだが，どうなのだろうか・・・.

2.　体積—3 次元の体積

ここでは，高校の数学で出てくる体積の求め方を解説しよう．本章の最初に記したように，本当は，もっと一般的な記述の仕方があるのだが，それは本書のレベルを超えることになる．そこで，前節との関連性にも考慮して軸を回転させることで体積を作り出す方法を詳述する．

いま，関数 $y = f(x)$ があったとして，これを，$x = x_\mathrm{P}$ の地点で x 軸を回転軸にして回転させると，半径 $|f(x_\mathrm{P})|$ で面積 $\pi\{f(x_\mathrm{P})\}^2$ の円となる．この円に x 軸に沿った微小距離 dx を掛けると体積 $\pi\{f(x_\mathrm{P})\}^2 dx$ の薄皮のようなペラペラの円柱ができる（図 6.6 の微小体積素である）．これを $x = \alpha$ から $x = \beta$ まで加算するのである．すなわち，以下のように積分すると，

$$V = \pi \int_\alpha^\beta \{f(x)\}^2 \, dx$$

となって，たとえば，壺のような物体の体積 V が得られる．

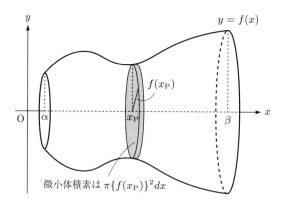

図 6.6

検算の意味も込めて，これが成立することを以下の例題で確認しよう．

例題 6.1 ＜三角柱の体積＞

底面の半径が r で高さが h の三角柱を考えよう.

(1) この三角柱の体積を中学校で習った方法で求めよ.

(2) 積分を用いて求め, (1) の結果と一致することを確認せよ.

解答

(1) 底面積は πr^2 で高さが h なので, 体積は, $V = \dfrac{1}{3}\pi r^2 h$ である.

(2) 「半径が r で高さが h」という設定から, $y = \dfrac{r}{h}x$ のグラフを考えて, $x=0$ から $x=h$ まで積分しよう. つまり,

$$V = \pi \int_0^h \left(\frac{r}{h}x\right)^2 dx = \pi \frac{r^2}{h^2}\left[\frac{1}{3}x^3\right]_0^h$$
$$= \pi \frac{r^2}{h^2}\frac{1}{3}h^3 = \frac{1}{3}\pi r^2 h$$

となって, 確かに上記の方法は有効である.

問 6.3

(1) 2 次曲線 $y = x^2 + 1$ と x 軸, $x=0$, $x=2$ で囲まれた領域を x 軸のまわりに 1 回転させてできる立体の体積を求めよ.

(2) 3 次曲線 $y = x^3 + 1$ と x 軸, $x=-1$, $x=2$ で囲まれた領域を x 軸のまわりに 1 回転させてできる立体の体積を求めよ.

(3) 2 次曲線 $y = -x^2 + 4$ と x 軸, $x=-2$, $x=2$ で囲まれた領域を x 軸のまわりに 1 回転させてできる立体の体積を求めよ.

3.　もう少し定積分について考える—関数としての定積分

以上までは, 面積・体積といった側面にしぼって焦点を当ててきた. しかし, そうした具体的なものから離れてみることもできる. つまり, 定積分を関数化してみるのである.

そこで, 積分範囲を数値ではなく, 抽象的に変数 x にしてみよう. つまり, $\int_c^x f(t)\,dt$ のような場合である. ここで, c は定数である. いま, $f(t)$ の不定

積分が，$F(t)$ であるとすると，

$$\int_c^x f(t)\,dt = \Big[F(t)\Big]_c^x = F(x) - F(c)$$

となって，積分範囲に変数を入れたことで関数 $F(x)$ が現れることになる．c は定数なので，$F(c) = \mathrm{const.}$ となって，こちらは定数である．積分範囲を変数とすることでこの演算を関数化できたわけである．ちなみに，これは，幾何学的には，関数 $f(t)$ と横軸 t と $t = c, t = x$ が囲む面積であり，x を変数化するということは，$t = x$ を左右に動かすことに相当する．

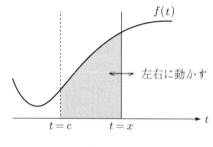

図 6.7

　なお，不定積分の章で示したように，この場合も変数が変化しただけで，$F(x)$ を微分すると，関数の形はインテグラルの中の変数を t から x に変えた $f(x)$ になることに注意してほしい．大枠は変わらないのである．

　以下の例題で上記を確かめてみよう．

例題 6.2　定積分を用いて関数 $F(x)$ が，$F(x) = \displaystyle\int_1^x (t^3 + t^2)\,dt$ と表してあるとする．

（1）　右辺の定積分を計算して関数 $F(x)$ を求めよ．

（2）　関数 $F(x)$ を微分して，それが，$x^3 + x^2$ となることを確かめよ．

解答

（1）　定積分を行って

$$F(x) = \int_1^x (t^3 + t^2)\,dt$$

$$= \left[\frac{1}{4}t^4 + \frac{1}{3}t^3 \right]_1^x = \left(\frac{1}{4}x^4 + \frac{1}{3}x^3 \right) - \left(\frac{1}{4} + \frac{1}{3} \right)$$

$$= \frac{1}{4}x^4 + \frac{1}{3}x^3 - \frac{7}{12}$$

である.

(2)　$F'(x) = x^3 + x^2$ となる. つまり, インテグラルの中の関数の変数 t を変数 x に変えただけで関数形は同じである. ——いたって当たり前の話ではある $\cdots$.

こんなものをどうやって使うのか, という疑問はもっともであろう. 特に, 経済学や経営学の場面でどう使うのか $\cdots$？

たとえば, 仕入れの数の変化率を表す関数を $\mathrm{In}(t)$ として, 売り上げ (販売) の数の変化率を表す関数を $\mathrm{Out}(t)$ として, これらが既知であったとする. すると, 短い期間 dt の間の仕入れと売り上げの数の差は $(\mathrm{In}(t) - \mathrm{Out}(t))dt$ で判明するが, これが延々と絶え間なく続いたらどれだけの在庫があるかわからなくなってしまう. がしかし, 基準点から時間 T での在庫数の変化は以下の関数で表される.

$$\Psi(T) = \int_0^T (\mathrm{In}(t) - \mathrm{Out}(t))\, dt$$

その他, 資本と投資の関係についても以下のような関係が知られている (という関係にあるということに経済学上はなっている). すなわち, 純投資 $I(t)$ と資本ストック $K(t)$ との関係は,

$$I(t) = \frac{dK(t)}{dt}$$

である (と推測される). したがって, 基準点からある時間 T での資本蓄積量は, 投資額から以下のようになる (だいたいこのように推測される).

$$K(T) = \int_0^T I(t)\, dt$$

こうした応用はいくらでも挙げられるが, とりたてて数式で表現すべきかどうかは考えてみるべきではあろう.

【面積・体積】

6-1 関数 $y = x^3 - x$ と x 軸による面積を考える

(1) まず, 関数 $y = x^3 - x$ のグラフを描け.

(2) 面積が負になる領域があることを考慮して, 曲線と x 軸による面積を求めよ. ── 絶対値を付けて積分せよ.

(3) 絶対値を付けずに積分するとどうなるか確かめよ.

(4) (2) の積分をするにあたって, 図の形状から計算を簡単にするにはどうすべきかを考えよ.

6-2 曲線 $y = x^3 - x + 3$ と直線 $y = 2x + 5$ が囲む面積を求めよ.

6-3 $y = -x^2$ と $y = x$ によって囲まれる面積を求めよ.

6-4 曲線 $y = x^3 + x^2 - 2x$ と x 軸によって囲まれる面積を求めよ.

6-5 以下の立体の体積を求めよ.

(1) 直線 $y = \dfrac{1}{3}x + 3$ と x 軸, $x = 0$, $x = 3$ で囲まれた領域を x 軸のまわりに 1 回転させてできる立体.

(2) 2 次曲線 $y = x^2 + 1$ と x 軸, $x = -1$, $x = 2$ で囲まれた領域を x 軸のまわりに 1 回転させてできる立体.

6-6 微分と積分の関係性についてあらためて考えてみる.

$G(T) = \displaystyle\int_{c}^{T} g(t)\, dt$ という関数があるとする. c は定数である. この場合, $G(T)$ を変数 T で微分するとどうなるだろうか. 以下の手順で考察せよ.

(1) $g(t) = t^5 + t^3$ としてみて右辺を計算してみよ.

(2) 次に, (1) の結果である $G(T)$ を変数 T で微分してみよ.

(3) 以上から一般的に上記のように表記された $G(T)$ を変数 T で微分するとどうなるかを考えよ.

6-7 本文中で微小な面積を加算してゆき, 最後に微小幅 h を 0 にする極限をとることで面積を求めるというリーマン和の具体的な問題を展開した. ここでは, リーマン和ではないが, 同様の発想で半径 R の円の面積が $S = \pi R^2$ になることを確認しよう.

この発想は, 関孝和が行った円周率の概算方法や円の面積の求積方法と基本的には同じである.

(1) 半径 R の円の中心を頂点として他の 2 点が円周に内接する二等辺三角形の面積を求めよ. ただし, この二等辺三角形の頂点の角度を 2θ とする.

(2) 次に, (1) で求めた二等辺三角形が円の全体にわたって隙間なく n 個存在している場合 (内接する正 n 角形), これらすべての面積を加算した結果を記せ.

(3) 最後に, (2) で $\theta \to 0$ の極限をとり, それが πR^2 になることを確認せよ.

7

より複雑な関数の積分法

　本章では，簡単に積分できないより複雑な関数の積分法——置換積分法——について紹介する．

　ところが，置換積分の手法はいろいろとあって，経験則的でもある．したがって，そのほとんどがテクニカルな問題である．そこで，本書では，ほんの概要を述べるだけにとどめておくので，読者は，置換積分が，何をしていて，どのような発想なのか，ということをつかむことに専念してほしい．

　第2節では，変数が複数ある場合について解説しておく．ただし，これは理解してしまえばほとんど当たり前のことだということは即座に理解されるであろう．

1. 置換積分──変数変換して積分する

　積分という計算は，一筋縄ではいかない場合が多い．前章までは単純に積分可能な関数ばかりを用いたが，圧倒的多数は単純ではないのである．どうやってもうまく積分できない場合も多々ある．しかし，そのような場合であっても基本的に以下のような発想で積分を試みるのが一般的である．

　まずは大雑把な概要である．

　積分，$\displaystyle\int f(x)\,dx$ を行いたい．しかし，当該の関数 $f(x)$ がいささか複雑でうまく積分できないとする．その場合，うまい具合に関数 $f(x)$ の変数を θ などに置換して積分できる形に変形し，その関数について積分をするのである．そしてその後に変数を元の x へと戻すのである．つまり，

$$\int f(x)\,dx \;\;\rightarrow\;\; \underset{変数変換}{x \Rightarrow \theta} \;\;\rightarrow\;\; \int F(\theta)\,d\theta$$

として積分し，$\displaystyle\int F(\theta)\,d\theta = G(\theta)$ となったとして，次に $G(\theta)$ の変数を x へと戻すのである．もちろん，この θ と x もある関数関係で結ばれている．

　論より証拠である．以下から具体論を展開する．

1.1　具体例1

　まずは，非常に単純なものから．これは理解しやすいと思われる．

　$\displaystyle\int (5x+1)^{10}\,dx$ を積分する．この場合，$5x+1=\theta$ とする．すると，$\dfrac{d\theta}{dx}=5$ より，$dx=\dfrac{1}{5}\,d\theta$ だから，$\displaystyle\int \theta^{10}\dfrac{1}{5}\,d\theta$ を計算すればよいことになる．つまり，

$$\frac{1}{5}\int \theta^{10}\,d\theta = \frac{1}{55}\theta^{11} = \frac{1}{55}(5x+1)^{11}+C \qquad （C は積分定数）$$

である．

1.2　具体例 2

次に，$\displaystyle\int \frac{x}{\sqrt{x+1}}\,dx$ というパターンについてである．この場合，$\sqrt{x+1} = \theta$

と置換してみる．すると，$x+1 = \theta^2$ より，$\dfrac{dx}{d\theta} = 2\theta$ なので，

$$\int \frac{x}{\sqrt{x+1}}\,dx \ \rightarrow \ \int \frac{\theta^2-1}{\theta}2\theta\,d\theta$$

すなわち，

$$2\int (\theta^2-1)\,d\theta = \frac{2}{3}\theta^3 - 2\theta = \frac{2}{3}(x+1)^{\frac{3}{2}} - 2\sqrt{x+1} + C \qquad (C \text{ は積分定数})$$

である．

1.3　具体例 3

$\displaystyle\int \frac{1}{(2x-1)^3}\,dx$ という場合についても紹介しておこう．この場合は，$2x-1 =$

θ として，$\dfrac{d\theta}{dx} = 2$ となって，

$$\int \frac{1}{(2x-1)^3}\,dx \ \rightarrow \ \int \frac{1}{\theta^3}\frac{1}{2}\,d\theta$$

として積分しよう．すると，

$$\frac{1}{2}\int \theta^{-3}\,d\theta = -\frac{1}{4}\theta^{-2} + C = -\frac{1}{4(2x-1)^2} + C \qquad (C \text{ は積分定数})$$

である．

1.4　具体例 4

次に，三角関数の場合である．

$\displaystyle\int \sin(2x+1)\,dx$ の積分を行う．この場合，$2x+1 = \theta$ と変数変換する．す

ると，サイン関数は，$\sin(2x+1) = \sin\theta$ となり，$\dfrac{d\theta}{dx} = 2$ なので，$dx = \dfrac{1}{2}d\theta$

である．したがって，全体は以下のように変形される．

$$\int \sin(2x+1)\,dx \ \rightarrow \ \int \sin\theta\frac{1}{2}\,d\theta$$

よって，

$$\frac{1}{2} \int \sin \theta \, d\theta = -\frac{1}{2} \cos \theta + C \qquad (C \text{ は積分定数})$$

なので，θ を x に戻して，

$$\int \sin(2x+1) \, dx = -\frac{1}{2} \cos(2x+1) + C$$

となる．

では，$\displaystyle \int \sin(x^2) \, dx$ の積分を試みてみよう．まず，$x^2 = \theta$ として変数を簡単にしたくなるだろう．すると，$\dfrac{d\theta}{dx} = 2x = \pm 2\theta^{\frac{1}{2}}$ で，すべてを書き換えると，$\displaystyle \int \frac{1}{\pm 2\theta^{\frac{1}{2}}} \sin \theta \, d\theta$ となる．が，これでは，もちろんのこと積分できそうにない．その他，諸々を試してみてもやはりうまく積分できる形に変形できそうにない……．

　事実，この積分は初等関数では表現することができなくて，フレネル積分と呼ばれるものになる（興味のある読者は調べてみよう）．なんと，こんなに簡単に見えるものが初等的な関数では積分を表示できないのである．初等関数を微分すると確実に初等関数で収まるが，積分の場合はそうはいかないことを理解する恰好の事例であろう．

　ところが，$\displaystyle \int x \sin(x^2) \, dx$ とちょっと形が変わるだけでできるようになる．これもやはり，$x^2 = \theta$ としてみよう．すると，$\displaystyle \int x \sin(x^2) \, dx \rightarrow \frac{1}{2} \int \sin \theta \, d\theta$ となって，$-\dfrac{1}{2} \cos \theta + C = -\dfrac{1}{2} \cos(x^2) + C$（$C$ は積分定数）となる．

1.5　具体例 5

　以下は若干ながら難しいが，よくお目にかかるテクニックなので掲載しておくことにする．もっとも，経済系の数学ではほぼお目にかからない．しかし，物理学などの自然科学系・工学系では日常茶飯事である．人文系・社会科学系の読者は，教養として味読されたし．

　$\displaystyle \int \frac{1}{\sqrt{1-x^2}} \, dx$ を計算する．この場合は，$x = \cos \theta$ と変数変換する（ある

いは $x = \sin\theta$ でも同じことになる）．すると，$\dfrac{dx}{d\theta} = -\sin\theta$ なので，与式は，

$$\int \frac{1}{\sqrt{1-x^2}}\,dx = -\int \frac{1}{\sin\theta}\sin\theta\,d\theta = -\int d\theta = -\theta + C$$

となる．変数を戻すと，

$$\int \frac{1}{\sqrt{1-x^2}}\,dx = -\cos^{-1}x + C = -\arccos x + C \quad (C\,\text{は積分定数})$$

となる．ここで，$\cos^{-1}x\,(=\arccos x)$ はコサイン関数の逆関数である（本書の第1章，p.11 を参照のこと）．

さらに，$\displaystyle\int \frac{1}{1+x^2}\,dx$ についても考えよう．この場合は，$x = \tan z$ と変数変換する．すると，$\dfrac{dx}{dz} = \dfrac{1}{\cos^2 z}$ なので，与式は，

$$\int \frac{1}{1+x^2}\,dx = \int \cos^2 z\,\frac{1}{\cos^2 z}\,dz = \int dz = z + C \quad (C\,\text{は積分定数})$$

となる，変数を戻すと，

$$\int \frac{1}{1+x^2}\,dx = \tan^{-1}x + C = \arctan x + C \quad (C\,\text{は積分定数})$$

となる．$\tan^{-1}x\,(=\arctan x)$ もまた，タンジェント関数の逆関数である．

この置換変換は，上記と対にして覚えておくと非常に汎用性が高い．

こうした計算がほとんど無数に存在する．そしてもちろん，これよりもずっと複雑な計算も可能なのだが，そうなるとさらにテクニカルになってくる．

章末の練習問題に比較的簡単な問題を掲載しておくので，置換積分の概念把握に役立ててほしい．

2. 変数が複数ある場合の積分法—多重積分

微分のセクションで変数が複数存在する場合の微分法—偏微分—を紹介したが，本節はその積分版である．偏微分の要点は，微分しようとしている変数以外は定数のように扱う，というものであった．積分の場合も同様である．すなわち，

$$\int f(x,y,z)\,dx$$

などがあった場合は，変数 y と z を定数と見なして積分を行えばよい．ただそれだけである．

これは 2 つほど具体例を示せば充分であろう（とりたてて演習問題を用意する必要もないであろう）．以下である．

$$\int (x^2 + xyz + y^2 + z)\, dx$$

$$= \frac{1}{3}x^3 + \frac{1}{2}x^2yz + xy^2 + xz + C \qquad (C \text{ は積分定数})$$

$$\int \cos(xyz)\, dx = \frac{1}{yz}\sin(xyz) + C \qquad (C \text{ は積分定数})$$

変数 y と z が定数のように扱われているのがわかるだろう．

次に，多重積分と呼ばれる形式について紹介しよう．上記の例からもなんとなく憶測できるだろうが，変数が複数あるのであれば，その個々の変数についてそれぞれ積分することができるはずである．偏微分に関連づけて述べれば，$f(x, y)$ について $\dfrac{\partial^2 f(x,y)}{\partial x \partial y}$ のように個々の変数について個別に複数回（階）の微分をすることと同じように，である．

論より証拠である．上で用いた事例を使って示そう．たとえば，

$$\iint (x^2 + xyz + y^2 + z)\, dxdy$$

である．こうした積分を二重積分と呼び，以下のように見なして計算する．つまり，

$$\int \left[\int (x^2 + xyz + y^2 + z)\, dx \right] dy$$

である．まずは [ ] 内を先に行って（x について積分して），次に一番外側の積分を行う（y について積分する）と，

$$\int \left(\frac{1}{3}x^3 + \frac{1}{2}x^2yz + xy^2 + xz + C_1 \right) dy$$

$$= \frac{1}{3}x^3y + \frac{1}{4}x^2y^2z + \frac{1}{3}xy^3 + xyz + C_1 y + C_2$$

となる．上記は変数に z も存在しているので三重積分 $\displaystyle\iiint (x^2 + xyz + y^2 + z)$ $dxdydz$ も可能である（煩わしくなるだけなので具体例はもう示さないが，読

者自ら行ってみるとよい).

　次に，複数変数の定積分についてであるが，この場合はどの変数をどの範囲で積分するのかが一見すると明確ではないような書かれ方をしている場合があるので注意が必要である．たいていの場合，先に積分すべき変数を内側に（つまり左側に），$dxdy$ のように書き，インテグラルに付く積分範囲も内側に書く場合が多い．すなわち，原則は内側から積分してゆく．規則化されているわけではないが，この原則に従えば大方は積分範囲を間違える（わからなくなる）というような書き方はされないのが普通である．

　さて，定積分の場合も論より証拠である．具体例を示すので，読者の頭の中で一般化してほしい．たとえば以下である．

$$\int_{-1}^{1} \int_{0}^{1} (x^2 + xyz + y^2 + z)\, dxdy$$

この場合，以下のように計算する (上記した例で示した不定積分の方法と基本的には同じである)．すなわち，

$$\int_{-1}^{1} \left[\int_{0}^{1} (x^2 + xyz + y^2 + z)\, dx \right] dy$$

$$= \int_{-1}^{1} \left\{ \left[\frac{1}{3}x^3 + \frac{1}{2}x^2yz + xy^2 + xz \right]_0^1 \right\} dy$$

$$= \int_{-1}^{1} \left(\frac{1}{3} + \frac{1}{2}yz + y^2 + z \right) dy$$

$$= \left[\frac{1}{3}y + \frac{1}{4}y^2z + \frac{1}{3}y^3 + yz \right]_{-1}^{1} = \frac{4}{3} + 2z$$

となる（変数 z に対しても積分が行われていれば結果は定数になる）．—なお，見方を変えれば，これは x, y, z の3つの変数で作られた関数を x と y で積分することで変数 z の関数としたと解釈できる．

　以上を簡単にまとめておこう．以下である．

$$\iint f(x, y)\, dxdy$$

$$\iiint g(x, y, z)\, dxdydz$$

のように書かれる積分を多重積分と呼ぶ.

同様に, 定積分は, 以下のように書かれる.

$$\int_a^b \int_\alpha^\beta f(x,y)\, dxdy$$

$$\int_a^b \int_\alpha^\beta \int_\chi^\delta g(x,y,z)\, dxdydz$$

場合によっては, $\int dx \int dy\, f(x,y)$ とか, $\int_a^b dx \int_\alpha^\beta dy\, g(x,y)$ などと書かれることもある. 定積分の場合は, 考察対象と文脈をよくよく注意して個々の変数の積分範囲を間違えないように努めなければならない. が, しかし, そうそう間違えたという話は聞かれないことも付け加えておく.

以上, 本節で示した積分は, どれだけ関数が複雑になっても, 注目している変数について積分する場合は他の変数をすべて定数と見なしているのであるから基本的に 1 変数での積分計算と同じである. 置換積分のようなテクニックについてもなんら変わりはない.

さらなる詳細は章末の練習問題で扱うこととする.

3. 広範囲に使われる積分——ガウス積分

本章で学んだ知見を総動員しないとできないが, しかしながら他の分野で頻出する積分を解説しておこう. ガウス積分である. この積分は, 統計学や確率論やデータ処理といった分野, あるいはその周辺などで頻出するのだが, 実際に積分の計算をしたことがないという人が多々いる積分である. 読者にあっては, しっかりと確認してほしい (結果的に忘れてしまっても一度か二度は自力で導出しておくべきである).

以下をガウス積分と称する.

$$\int_{-\infty}^{\infty} e^{-ax^2}\, dx = \sqrt{\frac{\pi}{a}}$$

この積分はこのままではどう変数変換して置換積分に持ち込もうとしてもできない. そこで, アクロバティックに以下のように考えてみる. まず,

$$I = \int_{-\infty}^{\infty} e^{-ax^2}\,dx$$

とすると，これは $\int_{-\infty}^{\infty} e^{-ay^2}\,dy$ と同じである（変数が違うだけである）．ということは，

$$I^2 = \left(\int_{-\infty}^{\infty} e^{-ax^2}\,dx \right) \left(\int_{-\infty}^{\infty} e^{-ay^2}\,dy \right)$$
$$= \int_{-\infty}^{\infty} \int_{-\infty}^{\infty} e^{-a(x^2+y^2)}\,dxdy$$

としても問題ない．そこで，I^2 をこのように変形して求めてからそのルートをとることで I を求めようというのである．

　この計算を行うにあたって，$x = r\cos\theta, y = r\sin\theta$ のように変数変換を行う．ここで，r は原点からの距離で，θ は基準点からの回転角度である．

　通常，多重積分を遂行する際に変数変換を行った場合は，ヤコビアンなる因子 J を用いて $dxdy = Jdrd\theta$ としなければならないのだが，ここではもっと幾何学的に考えて解決してしまおう．われわれが行おうとしていることは，x-y の直交座標系から r-θ 座標（これを極座標という）への変換である．すなわち図 7.1 のような変換である．

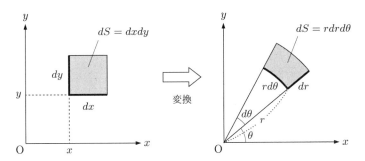

図 7.1

　ここで面積素 dS に注目すると，$dxdy \to rdrd\theta$ であり，x と y について $-\infty$ から ∞ までの積分を行うのに等しい操作を r-θ 座標で行うには，r について 0 から ∞ まで積分し，θ については 0 から 2π まで積分すればよい．すなわち，以上の考察から変数変換して与式は，

$$\int_0^{2\pi} \int_0^{\infty} e^{-ar^2} r \, dr d\theta$$

となる．まず θ についての積分は簡単であるから先にこれを行おう．すると，与式は

$$2\pi \int_0^{\infty} re^{-ar^2} \, dr$$

となる．ここで，$(e^{-ar^2})' = -2are^{-ar^2}$ であることに注目すると，積分定数を無視して，$-2a \int re^{-ar^2} \, dr = e^{-ar^2}$ である．よって，$\int re^{-ar^2} \, dr = -\dfrac{1}{2a} e^{-ar^2}$ なので，与式は，

$$2\pi \int_0^{\infty} re^{-ar^2} \, dr = 2\pi \left[-\frac{1}{2a} e^{-ar^2} \right]_0^{\infty}$$

であるが，ひとまず 0 と ∞ を後から極限をとることとして ε と δ を導入し，0 を $\varepsilon \to 0$ とすることで，∞ を $\delta \to \infty$ とすることで実現することにしよう．すると，与式は

$$
\begin{aligned}
\lim_{\varepsilon \to 0} \lim_{\delta \to \infty} 2\pi \int_{\varepsilon}^{\delta} re^{-ar^2} \, dr &= \lim_{\varepsilon \to 0} \lim_{\delta \to \infty} 2\pi \left[-\frac{1}{2a} e^{-ar^2} \right]_{\varepsilon}^{\delta} \\
&= \lim_{\varepsilon \to 0} \lim_{\delta \to \infty} \left\{ -\frac{\pi}{a} (e^{-a\delta^2} - e^{-a\varepsilon^2}) \right\} \\
&= \frac{\pi}{a}
\end{aligned}
$$

したがって，

$$I = \sqrt{\frac{\pi}{a}}$$

となる．

　なお，極座標を立体へと拡張した場合を球座標というが，この場合の体積素は図 7.2 より，$dV = r^2 \sin\theta dr d\theta d\phi$ となる．こうした汎用性の高い座標系はこれ以外にもあって，それぞれに面積素，体積素の表記が異なる．これらのうちのどの座標を用いて解析するかは，考察対象の形状から自ずと決まってくる場合が多い．平面上を回転しているのであれば極座標，らせん状や棒状の形状であれば円筒座標などというものを用いるのが適切である，といった具合である．細かな数学的な表記を離れてイメージの形成に努めてみるとさらに理解が深まるであろう．

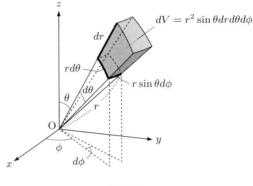

図 **7.2**

7-1　以下を積分せよ.

(1) $\displaystyle\int \cos(3x - 5)\, dx$　　　(2) $\displaystyle\int (2x + 5)^{10}\, dx$

(3) $\displaystyle\int (5x + 7)^{50}\, dx$　　　(4) $\displaystyle\int \sin(5x + 6)\, dx$

7-2　以下を指示どおりに変数変換することで積分せよ.

(1) $\displaystyle\int \sqrt{2x + 1}\, dx$　　　$2x + 1 = t^2$ と変数変換せよ.

(2) $\displaystyle\int \frac{1}{\sqrt{1 - x}}\, dx$　　　$1 - x = \theta$ と変数変換せよ.

(3) $\displaystyle\int x\sqrt{x + 1}\, dx$　　　$x + 1 = s^2$ と変数変換せよ.

(4) $\displaystyle\int (x - 1)\sqrt{3 - x}\, dx$　　　$3 - x = y^2$ と変数変換せよ.

7-3　本文中の $\displaystyle\int \frac{1}{\sqrt{1 - x^2}}\, dx$ について,$x = \sin\theta$ と変数変換することで積分せよ.
なお,結果は変数を x に直して表せ.

7-4　以下の積分を行え.

(1) $\displaystyle\iint (y^2 - 2y^3) \sin x\, dx dy$

　　① まずは,x について積分し,次に y について積分せよ.
　　② 次に,y について積分し,その次に x について積分せよ.
　　③ ①と②の結果が同じになることを確認せよ.

(2) $\displaystyle\int dx \int dy \int dz \cos(x + y + z)$

さらに，（1）の①②を参考にして適当に積分の順番を変えて計算してみよ．

7-5　以下の計算を行え．

(1)　$\displaystyle\int_{-1}^{1}\int_{0}^{2}(x^2+y^2)\,dxdy$

(2)　$\displaystyle\int_{0}^{a}\int_{0}^{x}\int_{0}^{y}x^3y^2z\,dzdydx$

(3)　$\displaystyle\int_{-\infty}^{\infty}e^{-x^2}\,dx$　　　ヒント：本文中のガウス積分を参考にせよ．

7-6

(1)　極座標の面積素 $dS = rdrd\theta$ を r については 0 から R まで，θ については 0 から 2π まで積分することで円の面積が $S = \pi R^2$ であることを確認せよ．

(2)　球座標の体積素が $dV = r^2\sin\theta drd\theta d\phi$ であることを用いて，球の体積が $V = \dfrac{4}{3}\pi R^3$ であることを示せ　積分範囲は r については 0 から R，θ については 0 から π，ϕ については 0 から 2π である．

(3)　体積素を用いて球の表面積を求めよ．——ヒント：r を $r = R$ と一定として積分せよ．

インターリュード──《間奏曲》──Ⅱ

1. 三角関数の微分

　ここでは，第3章で結果だけを列記するに留めた三角関数の微分をきっちりと導出することにしよう．

　まず，$\displaystyle \lim_{\theta \to 0} \frac{\sin\theta}{\theta} = 1$ を証明することから始めよう．

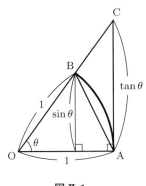

図 Ⅱ.1

　図 Ⅱ.1 の面積の比較から，

$$\triangle \text{OAB} < 扇型\,\text{OAB} < \triangle\text{OAC}$$

であるから，$\dfrac{1}{2}\sin\theta < \dfrac{1}{2}\theta < \dfrac{1}{2}\tan\theta$ である．そこで，

① $\theta > 0$ で $\theta \to 0$ ならば，$\theta > 0$，$\sin\theta > 0$ なので上式を $\sin\theta$ で割って，

$1 < \dfrac{\theta}{\sin\theta} < \dfrac{1}{\cos\theta} \Rightarrow 1 > \dfrac{\sin\theta}{\theta} > \cos\theta$ である．したがって，$\theta \to 0$ ならば $\cos\theta \to 1$ となるはずだから，はさまれた $\dfrac{\sin\theta}{\theta}$ もまた $\theta \to 0$ で 1 となる．

② $\theta < 0$ で $\theta \to 0$ の場合は，$\theta = -\vartheta$ とすると，$\dfrac{\sin\theta}{\theta} = \dfrac{\sin(-\vartheta)}{-\vartheta} = \dfrac{\sin\vartheta}{\vartheta}$ なのだから（なぜならば，$\sin(-\vartheta) = -\sin\vartheta$ なので），①で行ったよう

に 1 と $\cos\vartheta$ ではさみうちできて，結果は同じになり，$\displaystyle\lim_{\theta\to 0}\frac{\sin\theta}{\theta}=1$ である（$\cos(-\vartheta)=\cos\vartheta$ である）．

1.1　$\sin x$ を微分する

$\sin x$ を微分するために，微分の定義式に入れよう．つまり，

$$(\sin x)' = \lim_{h\to 0}\frac{\sin(x+h)-\sin x}{h}$$

である．

分子の第 1 項を三角関数の加法定理で変形すると，$\sin(x+h)=\cos x\sin h+\sin x\cos h$ なので，右辺は

$$\lim_{h\to 0}\frac{\cos x\sin h+\sin x\cos h-\sin x}{h}=\lim_{h\to 0}\frac{\cos x\sin h+\sin x(\cos h-1)}{h}$$

である．分子の第 1 項と第 2 項を分けて考える．すると，$\displaystyle\lim_{h\to 0}\frac{\cos x\sin h}{h}+$ $\displaystyle\lim_{h\to 0}\sin x\frac{\cos x-1}{h}$ なので，まず，上記の既知とした関係から，$\displaystyle\lim_{h\to 0}\frac{\sin h}{h}=1$ で，第 1 項は $\cos x$ となることは明白である．よって，問題となるのは第 2 項である．

第 2 項については，$\displaystyle\frac{\cos h-1}{h}=\frac{(\cos h-1)(\cos h+1)}{h(\cos h+1)}=-\frac{\sin^2 h}{h^2}\frac{h}{\cos h+1}$ なので，$\displaystyle\lim_{h\to 0}\frac{\cos h-1}{h}=\lim_{h\to 0}-\left(\frac{\sin h}{h}\right)^2\frac{h}{\cos h+1}=0$ である．したがって，

$$\begin{aligned}(\sin x)' &= \lim_{h\to 0}\frac{\sin(x+h)-\sin x}{h}\\ &=\lim_{h\to 0}\frac{\cos x\sin h+\sin x(\cos h-1)}{h}\\ &=\lim_{h\to 0}\frac{\cos x\sin h}{h}+\lim_{h\to 0}\sin x\frac{\cos x-1}{h}\\ &=\lim_{h\to 0}\frac{\cos x\sin h}{h}-\lim_{h\to 0}\left(\frac{\sin h}{h}\right)^2\frac{h}{\cos h+1}\\ &=\cos x\end{aligned}$$

である．

1.2 $\cos x$ を微分する

三角関数の加法定理を用いて $\sin x$ の微分と同様のことを行えばよい．以下である．

$$
\begin{aligned}
(\cos x)' &= \lim_{h \to 0} \frac{\cos(x+h) - \cos x}{h} \\
&= \lim_{h \to 0} \frac{\cos x \cos h - \sin x \sinh - \cos x}{h} \\
&= \lim_{h \to 0} \cos x \frac{\cos h - 1}{h} - \lim_{h \to 0} \sin x \frac{\sin h}{h} \\
&= -\sin x
\end{aligned}
$$

である．ここで，$\displaystyle\lim_{h \to 0} \frac{\sin h}{h} = 1$ と同時に $\sin x$ の微分でも用いた $\displaystyle\lim_{h \to 0} \frac{\cos h - 1}{h} = 0$ を利用した．

> **問 II.1**
>
> (1) $(\sin x)' = \displaystyle\lim_{h \to 0} \frac{\sin(x+h) - \sin x}{h}$ を三角関数の和積の公式を用いて計算してみよ．ちなみに，和積の公式は
>
> $$
> \begin{aligned}
> \sin x + \sin y &= 2 \sin \frac{x+y}{2} \cos \frac{x-y}{2} \\
> \sin x - \sin y &= 2 \cos \frac{x+y}{2} \sin \frac{x-y}{2} \\
> \cos x + \cos y &= 2 \cos \frac{x+y}{2} \cos \frac{x-y}{2} \\
> \cos x - \cos y &= -2 \sin \frac{x+y}{2} \sin \frac{x-y}{2}
> \end{aligned}
> $$
>
> であり，2 式目において，$x \to x+h$, $y \to x$ と置き換えることで $\displaystyle\lim_{h \to 0} \frac{\sin(x+h) - \sin x}{h}$ の分子を変形できることを用いよ．
>
> (2) $(\cos x)' = \displaystyle\lim_{h \to 0} \frac{\cos(x+h) - \cos x}{h}$ についても (1) と同じように和積の公式を用いて行ってみよ．

2. 指数・対数関数の微分

指数と対数の微分は多少ゴチャゴチャしている．互いに関連しあっているからであるが，ここで重要なキーとなるのがネイピア数 $e \cong 2.718281828459\cdots$

である．これを導入しつつ対数の微分を行おう．底を a として，$\log_a x$ を微分
してみると，

$$(\log_a x)' = \lim_{h \to 0} \frac{\log_a(x+h) - \log_a x}{h}$$

$$= \lim_{h \to 0} \frac{1}{h} \log_a \left(1 + \frac{h}{x}\right)$$

であるが，ここで，$\frac{h}{x} = t$ とすると，与式は，$\lim_{h \to 0} \frac{1}{xt} \log_a(1+t) = \frac{1}{x} \lim_{t \to 0} \log_a(1+t)^{\frac{1}{t}}$ となる．極限が作用するのは，$(1+t)^{\frac{1}{t}}$ の部分であるから，結局は，$\lim_{t \to 0}(1+t)^{\frac{1}{t}}$ がどうなるかを考えればよい．ここで，これを自然対数

$$\lim_{t \to 0}(1+t)^{\frac{1}{t}} \approx 2.71828828459 \cdots = e$$

とするのである．すると，$\frac{1}{x} \lim_{t \to 0} \log_a(1+t)^{\frac{1}{t}} = \frac{1}{x} \log_a e$ となるので，$\log_a e = \frac{\log e}{\log a} = \frac{1}{\log a}$ となる．したがって，

$$(\log_a x)' = \frac{1}{x \log a}$$

なる関係を得ることができる．ここで底を e とすると（$a = e$ とすると），確
かに

$$(\log x)' = \frac{1}{x}$$

である．

　一方で e^x の微分は以下のように導出される．

$$(e^x)' = \lim_{h \to 0} \frac{e^{x+h} - e^x}{h}$$

$$= \lim_{h \to 0} \frac{e^x(e^h - 1)}{h}$$

である．$e^h - 1 = k$ とすると，$e^h = 1 + k$ より，両辺の対数を取って，$h = \log(1+k)$ であるから，与式は $e^x \lim_{k \to 0} \frac{k}{\log(1+k)} = e^x \lim_{k \to 0} \frac{1}{\frac{1}{k} \log(1+k)} = e^x \lim_{k \to 0} \frac{1}{\log(1+k)^{\frac{1}{k}}}$ と変形される．極限の操作が及ぶ箇所は，$\lim_{k \to 0}(1+k)^{\frac{1}{k}}$ であるが，これはネイピア数の定義そのものである．したがって，$\lim_{k \to 0}(1+k)^{\frac{1}{k}} = e$

となって，与式は $e^x \lim_{k \to 0} \dfrac{1}{\log(1+k)^{\frac{1}{k}}} = \dfrac{e^x}{\log e} = e^x$ となる．すなわち，

$$(e^x)' = \lim_{h \to 0} \frac{e^{x+h} - e^x}{h} = e^x$$

である．

　以下に，$y = \left(1 + \dfrac{1}{x}\right)^x$ のグラフを載せておく．x が大きくなると，$e \cong$ 2.718281828459$\cdots$ へと値が近づいてゆくことを確認してほしい．ちなみに，$\lim_{x \to \infty} \left(1 + \dfrac{1}{x}\right)^x = \lim_{h \to 0} (1+h)^{\frac{1}{h}} = e$ であることに注意されたし．

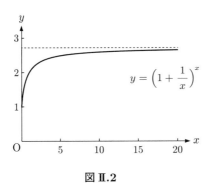

図 **II.2**

3.　三角関数の定積分をリーマン和から求める

　三角関数についての定積分が抜けていたのでここで補っておこう．本文の記述に従って，$\cos\theta$ について 0 から x までのリーマン和を求めてみる．すなわち，図 II.3 のような領域の面積を求めることを試みる．

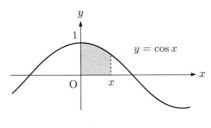

図 **II.3**

まず，この$0 \sim x$の区間をn等分することにしよう．すると，個々の短冊の幅は$\dfrac{x}{n}$なので，最初の短冊の面積は$\cos \dfrac{x}{n} \times \dfrac{x}{n}$となり，2番目の短冊の面積は$\cos \dfrac{2x}{n} \times \dfrac{x}{n}$となり，3番目の短冊の面積は$\cos \dfrac{3x}{n} \times \dfrac{x}{n}$となり$\cdots$，となってゆくので，リーマン和$S_n$は，

$$S_n = \left[\cos \frac{x}{n} + \cos \frac{2x}{n} + \cos \frac{3x}{n} + \cdots \right] \frac{x}{n}$$

となる．

ここで，$M = \cos \dfrac{x}{n} + \cos \dfrac{2x}{n} + \cos \dfrac{3x}{n} + \cdots$ として，この両辺に$\sin \dfrac{x}{2n}$を掛けると，

$$M \sin \frac{x}{2n} = \cos \frac{x}{n} \sin \frac{x}{2n} + \cos \frac{2x}{n} \sin \frac{x}{2n} + \cos \frac{3x}{n} \sin \frac{x}{2n} + \cdots$$

となる．三角関数の公式$\dfrac{1}{2} \{ \sin(\alpha + \beta) - \sin(\alpha - \beta) \} = \cos \alpha \sin \beta$を用いると，与式は，

$$\begin{aligned}
M \sin \frac{x}{2n} &= \frac{1}{2} \left[\sin \left(\frac{x}{n} + \frac{x}{2n} \right) - \sin \left(\frac{x}{n} - \frac{x}{2n} \right) \right. \\
&\quad + \sin \left(\frac{2x}{n} + \frac{x}{2n} \right) - \sin \left(\frac{2x}{n} - \frac{x}{2n} \right) \\
&\quad \left. + \sin \left(\frac{3x}{n} + \frac{x}{2n} \right) - \sin \left(\frac{3x}{n} - \frac{x}{2n} \right) + \cdots \right] \\
&= \frac{1}{2} \left[\sin \left(\frac{3x}{2n} \right) - \sin \left(\frac{x}{2n} \right) + \sin \left(\frac{5x}{2n} \right) - \sin \left(\frac{3x}{2n} \right) \right. \\
&\quad \left. + \sin \left(\frac{7x}{2n} \right) - \sin \left(\frac{5x}{2n} \right) + \cdots \right] \\
&= \frac{1}{2} \left[\sin \left(\frac{2n+1}{2n} x \right) - \sin \left(\frac{1}{2n} x \right) \right]
\end{aligned}$$

したがって，

$$M = \frac{\dfrac{1}{2} \left[\sin \left(\dfrac{2n+1}{2n} x \right) - \sin \left(\dfrac{1}{2n} x \right) \right]}{\sin \dfrac{1}{2n} x}$$

となって，

$$S_n = \frac{\frac{1}{2n}x\left[\sin\left(\frac{2n+1}{2n}x\right) - \sin\left(\frac{1}{2n}x\right)\right]}{\sin\frac{1}{2n}x} = \frac{\sin\left(\frac{2n+1}{2n}x\right) - \sin\left(\frac{1}{2n}x\right)}{\dfrac{\sin\frac{1}{2n}x}{\frac{1}{2n}x}}$$

である.

　次に求めるべきは，短冊の数を無限大（ということは短冊の幅を限りなく 0 とする極限ということになる）とすればよいのだから，$S = \lim\limits_{n\to\infty} S_n$ である. $n \to \infty$ で $\frac{1}{2n}x \to 0$ なのだから，与式の分母は 1 へと収束し，分子の第 2 項は 0 へと収束し—これを露わに書くと $\sin 0$ となり，そして，第 1 項は $\sin x$ となる. したがって，$S = \lim\limits_{n\to\infty} S_n = \sin x$ である. これもまた露わに書くと $S = \lim\limits_{n\to\infty} S_n = \sin x - \sin 0$ と書ける. すなわち，$\cos\theta$ が 0 から x までで為す面積 S は，

$$S = \int_0^x \cos\theta\,d\theta = \Big[\sin\theta\Big]_0^x = \sin x - \sin 0 = \sin x$$

である.

　原理的に定積分の区間はどのようにでも取れるので (0 と x をどのように取ってもよいので)，$\cos x$ の定積分は,

$$S = \int_\alpha^\beta \cos x\,dx = \Big[\sin x\Big]_\alpha^\beta = \sin\beta - \sin\alpha$$

であると結論できる.

　さらに，同様の論法から

$$S = \int_\alpha^\beta \sin x\,dx = \Big[-\cos x\Big]_\alpha^\beta = -\cos\beta + \cos\alpha$$

も導出できる.

4.　テイラーとマクローリンの展開公式を再考する

　第 4 章では，テイラー展開を（そしてマクローリン展開を）まったく天下り的に提示したのだが，ここでは大雑把ではあるがテイラー展開の公式を導出しておこうと思う. その際に「ロルの定理」と「平均値の定理」なる定理を必要

とするので，まずはこれらを提示することから始める．

がしかし，本書は数学の本だけれど数学の本ではなので（笑），—というか「鷹揚」なので，通常の数学の本に書かれているような「閉区間」とか「開区間」とか，ゴチャゴチャした用語と概念はすっ飛ばして端的にコンセプトのみを直観的にわかる形で提示することとしたい．ただし，その結果，以下に書かれていることのレベルが低いということではない．エッセンスだけを必要充分に記載するものである．

4.1　ロルの定理・平均値の定理

通常の数学書では先にロルの定理を提示してから平均値の定理を提示するのだが，本書ではあえて平均値の定理を先に提示しよう．以下である．

いま，ある関数 $f(x)$ がある場合，この関数が区間 $a \sim b$ でなめらかに連続であれば（微分可能であれば），

$$f'(c) = \frac{f(b) - f(a)}{b - a}, \quad a < c < b$$

となる c が少なくとも 1 つは存在する．—これを平均値の定理と称する．

ややこしく感じるかもしれないが，右辺が区間 $a \sim b$ の傾きを求める形になっていることに着目すると，平均値の定理とは図Ⅱ.4 のようなほとんど自明なことを述べているに過ぎないことがわかる．

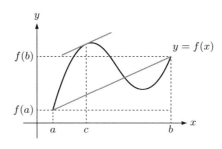

図Ⅱ.4

ところで，同様に，区間 $a \sim b$ でなめらかに連続で，$f(a) = f(b)$ ならば，$f'(c) = 0$ となる c が少なくとも 1 つは存在する．—これをロルの定理と称する．

これもまた，上記の平均値の定理で用いた図 II.4 を以下のようにちょっと変形すればほとんど自明であることが了解されるであろう．

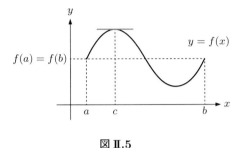

図 II.5

以上が前提知識である．

なお，これらは微積分学では必ずお目に掛かる定理である．数学の教養として身につけておくとよい．

4.2　テイラーの展開公式を導出する

関数 $f(x)$ が区間 $a \sim b$ でなめらかに連続であった場合，

$$f(b) = f(a) + \frac{f'(a)}{1!}(b-a) + \frac{f''(a)}{2!}(b-a)^2 + \cdots$$
$$+ \frac{f^{(n-1)}(a)}{(n-1)!}(b-a)^{n-1} + R_n$$

$$\text{ただし，} R_n = \frac{f^{(n)}(c)}{n!}(b-a)^n, \quad a < c < b$$

という関係が成り立つ．ここで，R_n はラグランジュの剰余項と称される．そして，この展開式をテイラーの定理と呼ぶのである．——すなわち，テイラーの展開公式である．

これは以下のように証明される．

いま，左辺から右辺を引き，a を変数 x として，

$$F(x) = f(b) - \left\{ f(x) + \frac{f'(x)}{1!}(b-x) + \frac{f''(x)}{2!}(b-x)^2 \right.$$
$$\left. + \cdots + \frac{f^{(n-1)}(x)}{(n-1)!}(b-x)^{n-1} + K(b-x)^n \right\}$$

とする．ここで，K は $F(a) = 0$ となるように設定してあるものとすると，明らかに $F(b) = 0$ である．すると，ロルの定理が適用できて，$F'(c) = 0$ となる c が $a < c < b$ に少なくとも 1 つは存在することになる．

さて，ここで，$F'(x) = -\dfrac{f^{(n)}(x)}{(n-1)!}(b-x)^{n-1} + nK(b-x)^{n-1}$ なので（計算の詳細は以下の問 Ⅱ.2 を参照のこと），$F'(c) = 0$ から，$\dfrac{f^{(n)}(c)}{(n-1)!}(b-c)^{n-1} = nK(b-c)^{n-1}$ であり，したがって，$K = \dfrac{f^{(n)}(c)}{n!}$ である．これを最初に仮定した $F(x)$ の K に代入して，$x = a$ とするとテイラーの展開式が得られる．また，$a = 0$ とするとマクローリンの展開式が得られる．

> **問 Ⅱ.2**
>
> $$F(x) = f(b) - \left\{ f(x) + \frac{f'(x)}{1!}(b-x) + \frac{f''(x)}{2!}(b-x)^2 \right.$$
> $$\left. + \cdots + \frac{f^{(n-1)}(x)}{(n-1)!}(b-x)^{n-1} + K(b-x)^n \right\}$$
>
> を微分すると，$F'(x) = -\dfrac{f^{(n)}(x)}{(n-1)!}(b-x)^{n-1} + nK(b-x)^{n-1}$ となることを確かめよ．

4.3　コーシーの定理とロピタルの定理

最後にコーシーの定理とロピタルの定理なるものも紹介しておこう．これもまた，微積分学では必ずお目に掛かる有名な定理であり，特にロピタルの定理は極限をとったときに $\dfrac{0}{0}$ や $\dfrac{\infty}{\infty}$ という不定形と言われる形になってしまう関数の極限値を求める場合に多用されるものである．

コーシーの定理は平均値の定理の拡張版である．すなわち，2 つの関数 $f(x)$ と $g(x)$ について，両者とも，区間 $a \sim b$ でなめらかに連続ならば，

$$\frac{f(b) - f(a)}{b - a} = f'(c_1), \quad \frac{g(b) - g(a)}{b - a} = g'(c_2)$$

なので，

$$\frac{f(b) - f(a)}{g(b) - g(a)} = \frac{f'(c_1)}{g'(c_2)}$$

である．――これをコーシーの定理と称する．

　コーシーの定理が成立すれば，以下のロピタルの定理が成立する．すなわち，$f(a) = g(a) = 0$ のとき，

$$\lim_{x \to a} \frac{f(x)}{g(x)} = \frac{f'(a)}{g'(a)}$$

なぜならば，コーシーの定理より，$a < c_i < x$ $(i = 1, 2)$ として．$f(a) = g(a) = 0$ のとき，

$$\frac{f(x)}{g(x)} = \frac{f(x) - f(a)}{g(x) - g(a)} = \frac{f'(c_1)}{g'(c_2)}$$

であり，$x \to a$ の極限をとるとき，$c_i \to a$ $(i = 1, 2)$ の極限なのだから，確かに $\lim_{x \to a} \frac{f(x)}{g(x)} = \frac{f'(a)}{g'(a)}$ である．これはさらに，$f'(a) = g'(a) = 0$ でもあるとき $\lim_{x \to a} \frac{f(x)}{g(x)} = \lim_{x \to a} \frac{f'(x)}{g'(x)} = \frac{f''(a)}{g''(a)}$ と拡張することもできる．

　論より証拠である．2つほど例示しよう．

例題 II.1　$\lim_{x \to 0} \dfrac{(1 + x)^3 - 1}{x}$ を求めよ．

解答　このままなんの工夫もなく $x \to 0$ の極限をとると分母も分子も 0 となってしまうが，ここにロピタルの定理を適用すると，

$$\lim_{x \to 0} \frac{(1 + x)^3 - 1}{x} = \lim_{x \to 0} \frac{\left\{ (1 + x)^3 - 1 \right\}'}{(x)'} = \lim_{x \to 0} \frac{3(1 + x)^2}{1} = 3$$

である．

　もちろんこれは以下のように行うのが常道であろう．すなわち，

$$\lim_{x \to 0} \frac{(1 + x)^3 - 1}{x} = \lim_{x \to 0} \frac{x^3 + 3x^2 + 3x}{x} = \lim_{x \to 0} (x^2 + 3x + 3) = 3$$

ここでは，通常の求め方がロピタルの定理の検算になっているが，受験数学的（あるいは通常の計算においても）には逆である．

例題 II.2　$\lim_{x \to 0} \dfrac{1 - \cos x}{x^2}$ を求めよ．

解答　このままだと，分母と分子が共に 0 となりどうにもできない．さ

らにこれは例題 II.1 のように与えられた式を最初に整理してから極限をとる,という方法が通用しない場合である. そこでロピタルの定理を（2度）適用すると,

$$\lim_{x \to 0} \frac{1 - \cos x}{x^2} = \lim_{x \to 0} \frac{\sin x}{2x} = \lim_{x \to 0} \frac{\cos x}{2} = \frac{1}{2}$$

である.

もちろんこれで問題ないのだが, $\lim_{x \to 0} \dfrac{\sin x}{2x}$ に注目すると, $\lim_{x \to 0} \dfrac{\sin x}{x} = 1$ を用いて $\lim_{x \to 0} \dfrac{\sin x}{2x} = \dfrac{1}{2} \lim_{x \to 0} \dfrac{\sin x}{x} = \dfrac{1}{2}$ とすることも可能である.

経済学・経営学は数理科学たりえるか
——効用の最大化問題から考える

　最後に，経済学（そしてそこから派生したとされる経営学）と数理科学との関係について原理原則的に考えることで終章としよう．

　よく人口に膾炙している言説は，経済学は数理科学の一種であり，経済学の理解に数学は必須である，というものである．これは確かに事実である．しかし，経済学に数学が必須であることと経済に数学が必須であることとは別物である．同様に経営学に数学が必要であることと経営に数学が必要であることもまた別である．

　これが何を意味するかを問うことで，経済学・経営学が抱える問題をいわばその創造の原点から照射してみよう．

　なお，本章は難解であると同時におそらくは相当な劇薬である．

1.　経済学・経営学の前提となるもの

　経済学は，物理学（古典力学）を範にして作られた．数学的・理論的な詳細に立ち入ると本書のレベルを超えてしまうので，簡単にこの近代経済学の枠組みを創り上げた人物達の著作物からいくつか引用してみよう[1]．

　まずは，フランス人経済学者レオン・ワルラス（1834-1910）である．

　　需要と供給の法則は、ちょうど万有引力の法則がありとあらゆる天体の振る舞いを支配するように、ありとあらゆる商品の交換を支配する。遂に、このように、経済的世界という、巨大であると同時に単純であり、その透明な美しさゆえに天体の世界と類似した一個のシステムが、その完全な大きさと複雑性の中に、真の姿をあらわすことになる。

　　　（レオン・ワルラス（久武雅夫訳）『純粋経済学要論』（岩波書店，1983）p.391）

　次に，英国人経済学者，ウィリアム・スタンリー・ジェヴォンズ（1835-1882）とアイルランド人経済学者，フランシス・エッジワース（1845-1926）である．まずは，ジェヴォンズから．

　　経済学の理論が、静力学の理論と、また交換の法則は仮想速度の原理により決定される梃子の均衡の法則と非常な類似性を示すことが分かった。富と価値の性質は、静力学の理論がエネルギーの無限小量の均等性に依拠することから成立するのと同様に、快楽と苦痛の無限小量を考察することから説明される。

　　　　（ウィリアム・スタンリー・ジェヴォンズ（寺尾琢磨訳）『経済学の理論』
　　　　　　　　　　　　　　　　　　　　　（日本経済評論社，1981）p.xii）

　対して，エッジワースは，

　　いつの日にか、社会の力学は天体の力学と同じ位置を占めるようになるにちがいない。物質的世界の個々の質点の運動が、制約条件の下にあるものであれ、ないものであれ、必ず総エネルギーの最大化原理に従うのとまったく同様に、（精神的世界の）個々の人間の行動は、利己的に孤立したものであ

---

[1] 荒川章義，『思想史のなかの近代経済学　その思想的・形式的基礎』（中公新書，1999）第二章：近代経済学を創造する．特に第四節：古典力学と解析力学（p.107～）を参照．

れ、ないものであれ、必ず快楽の最大化原理を実現する。

（Francis Edgeworth, Mathematical Psychics
（Augustus M. Kelley, 1967）p.9, 12）

と述べている.

　いささか難解かもしれないが，彼らが一様に述べていることは，要するに煎じ詰めれば，経済学の法則と物理学法則との間に類似性がある，あるいは，そうあらねばならない，そうに違いない，ということである. 念のため，もう少し詳述もしておくと，ワルラスは，経済学と天体力学（万有引力）との類似性，ジェヴォンズとエッジワースは特に，経済学的効用と解析力学の最小作用原理との類似性を述べているのである[2].

　だが，ここで注意しなければならないことは，経済学の理論が，物理学の理論と同様の過程で，すなわち，自然を探求するように社会現象を探求することによって定式化されたわけではない，ということである. 彼らは（そして大方の経済学者は），否定するかもしれないが，経済学の理論は，物理学のように，あるいは物理学に似せて構築されたのである. ジェヴォンズが述べるように「… 類似性を示すことが分かった」のではなく，類似性を持たせるように構築したのである（それはほとんど物理学からの「無断借用である」とすら荒川氏は述べている. —脚注1の p.109）.

　百歩譲って，それが言い過ぎならば，経済学がこのように定式化される前の段階でのある前提を敷衍してゆけば，必然的にこのような理論体系にならざるを得ないのである. —そういう意味で「類似性を示す」というのならそのとおりである.

　経済学は，以下に示す4つの前提のもとに構築されている[3].

（1）　人々は合理的に行動する. 合理的行動とは，いまここでの所与の市場条

---

[2] エッジワースの「総エネルギー最大化原理の … 云々 …」は注意が必要である. ここを流し読みすると，あたかも物質的質点が己の総エネルギーを最大にするように運動する，かのように読んでしまいがちだからである. しかし，もちろんこれは，逆であって，物質的質点は（あるいは物理学の対象となる物質は），エネルギーをうまく配分（あるいは分散）して系が最も安定するように振る舞う. —エッジワースは，これを最大化原理と称しているのである.

[3] 佐伯啓思，『経済成長主義への決別』（新潮選書，2017）pp.80-81. なお，本文の p.134 で引用する箇所は同書の pp.82-83 からである.

　　件のもとで自己利益の最大化をはかるものである.

(2)　市場経済は閉鎖系であり, 政治や社会状況, 文化状況からは独立である.

(3)　人々の幸福は, 消費者として市場で供給される財の購入量を適切な形で
　　最大化することで得られる.

(4)　経済問題とは資源の希少性のもとで生産や人々の満足（効用）を最大化
　　することである. この問題は普遍的な問題であるから, 経済学が提示す
　　る回答も普遍的である.

　それぞれをしっかりと考察してみよう.

　まず,（1）についてである. これは, 物理学で質点（物体）が置かれた（与
えられた）ポテンシャルの中でまさしく合理的に運動することと完全に符合す
る. 物体は, 無駄な動きを絶対にしない. もし物体が円を描く軌道を通るなら
ば, その軌道が最も合理的だからである. にもかかわらず, この軌道が円では
なくなったのであれば, その物体が置かれた状況に何らかの変化があったとい
うことを意味する. すなわち,（2）である. 理想的な条件下ならば円軌道を描
くはずが, 円から逸れた軌道となったならば, なんらかの外部の力が働いてい
ると推測されるのであって, これが政治や社会・文化状況による擾乱である.

　ちなみに, ここで語られている「人々」とは経済学用語で「経済人（ホモ・
エコノミカス, homo economicus）」と称されるものである.「経済人」は, あ
たかも物理学の粒子（古典粒子）が所与の場（力学場——たとえば万有引力場）
の中を運動するように自らの利益を最大化する, という最も自然な状態（と経
済学が想定している状態）を実現するように行動する, というのである. この
経済学が想定する最も自然な状態を実現するように行動する, という経済人の
行動と物理学の古典粒子が無駄なく自然に与えられた場に忠実に運動する様子
はほとんど既視感を覚えるほどパラレルである.

　（3）は, かかる「経済人」がなぜかくも合理的に行動するか, ということの
説明である.「経済人」たる人々は, 財を購入し消費することによって幸福度
が上がってゆくので, より多くの財を入手しようとする（という自然で合理的
な行動をする）, と考えるのである. ここに, 有名な（経済学を学ぶと, ほとん
ど最初に学習するところの）効用, あるいは効用関数なる概念が導入される.

効用関数の概念は，以下のごとくである．

　曰く，一杯目のビールで1の幸せを得る，二杯目では2となるが，三杯目からは幸せという効用が少し落ちてきて幸せ度は3にはならず2.5程度にとどまる．四杯目ではさらに効用は低減して2.7，五杯目ではついに効用に変化がなくなり2.7のままになる，といった案配である．

　ビールは（たとえば）五杯で効用が最大化してしまうので，経済人たる人々はより幸せ度を高めるために枝豆を食べる（ことで効用を上げる），焼き鳥を食べる（ことで効用を上げる），などとして自らの幸福度を最大化しようとする．財の購入を適切に行うことで幸福度を最大化する，ということはすなわちこういうことであり，それを場面場面で（所与の市場条件のもとで），適切に判断して効用最大化＝自己利益最大化＝幸福度最大化を実現するように行動する，というのである．そしてそれが自然なことでそれ以外の行動などとりようがない，という含意があるのである．まさしく物質粒子が無駄なく合理的に運動するように‥‥．そして最後にだめ押しのように，これは普遍的なのであるから（政治状況や社会や文化や時代によらずどこでもいつでも妥当するのであるから）経済学が提示する解も普遍的である，と述べる．あたかも，物理学が記述する物体の運動がいかなる国・文化・時代にあっても普遍妥当するように‥‥．（さらなる詳述は次節，および章末の練習問題を参照のこと．）

　ここで即座に浮かぶ反論は，人間はここに規定されたような「経済人」などではないということである．ここに提示されている人間像は，いかにも皮相で人間らしからぬ人間である．それはほとんど病的で古典的なロボット（昨今のロボットはもっとましな行動をするだろう）のような存在である．実際に，人間は，自己の利益を最大化するように行動しているわけでもなければ，いつでも合理的に行動しているわけでもない．いや，人間の人間たる所以，あるいは本質は，あえて自己の利益を等閑視したり犠牲にしたり，あえて非合理的な行動をとったりするところにこそある．スティーブ・ジョブズもビル・ゲイツも合理的な行動などしていないからこそ，独自の OS を創りだすことができたのである！　ガレージで機械いじりをしている若者に経済的合理性もなにもあるはずがない．

経済学は，その前提に人間ならぬ経済人という空想的な実在を設定し，それを意思なき物体のごとくに規定することから理論化されたのである．このあたかも物理学の物体のように規定された経済人の行動から理論化されたものを精緻化してゆくとほとんど必然的に物理学の理論へと近接してゆくのであり，結果的にそれは亜流の科学，いやあえて厳しい言葉を用いれば単なる疑似科学と堕する結果を招来させる．これはほとんど必然的で当たり前の結果である．

　ちなみに，前記した（1）〜（4）の条件を挙げた佐伯氏は，これら4つの反対命題こそが真実である，として以下の4点を列記している．

（1）　人々は決して合理的に行動しているわけではない．特に重要な意思決定は合理的選択などではない．人は理念や理想や信条に従って行動するもので，消費者としての利益最大化などさして重要な行動モデルではない．

（2）　市場経済は，その国の政治過程や政府の性格（強い政府であるか，人々の信頼を得ているか，民主的であるか等々），社会構造（家族や地域のあり方，企業の意味付け，医療や教育など），さらには文化（幸福についての人々の価値観や知識層の影響力など）と決して無関係ではない．それどころか，密に関係しているからこそ，各国によって市場経済の意味や精度が違ってくる．

（3）　人々は，ただ消費者としてモノを買い自己の満足を最大化するというより，他者との関係という「社会関係」の中で生きている．たとえば，他人から多少カッコよく見られたい，他人に対する優越性を示したい，あるいはまた他人との親密な関係を築きたい，といった「社会的動機」こそが人を動かしている．

（4）　確かにわれわれは一方で希少資源の適切な配分という問題を抱えているが，他方では，あたかも再生不可能な自然資源を無限に存在するかのように成長している．しかし，清浄な空気や水といった美的環境も希少なのではないか．さらには，労働力も希少であるが，だからといってそれを「希少資源の適切配分」として処理してよいのか．なぜなら，労働力とは生身の人間であり，人間の幸福や存在の意味は「資源の適切な配分」

にはそぐわないではないか[4]．

　そして，続けてこう述べている．――経済学者が「… 経済学は，人間行動の
ある一面だけを切り取って問題にしているだけなのである」という反論をした
として，まさにそれ故にこそ，「私は経済学が信用できないのである」，と．――
筆者も佐伯氏とほぼ同じ考えを持っている．

　それにしても，この佐伯氏が想定した経済学者の反論もまた物理学である．
通常，物理学は，非常に理想的な，つまりは実際には実現できないような想定
を仮想して理論を打ち立てる．それは，摩擦や一切の外力が働かない状態など，
である．物理学は，このありえない理想的な状態に様々な外的条件を付すこと
で現実を再現する．この方法論は物理学のみならず，自然科学全般においては
大成功をおさめた．しかし，これと同じように，「人間行動のある一面」を物
理学の仮想的な理想状態のように扱ってもそもそもそこから人間の人間たる本
質が欠落してしまう．いや，意味がないのであり，もともと事情が異なってい
るのである．――人間を一切の思惑や外的要因が働かない（経済学が考えるとこ
ろの）理想的な環境下に置いても，人間は，経済学が前提したようには行動し
ないであろう．それに対して，物理学（科学）の場合は，理想的な状態は実現
可能であり，そのような状態に置くと物体は確かに理論の予想どおりに振る舞
う[5]．

　佐伯氏もしばしば述べることであるが，どうにも，経済学や経済数学を学べ
ば学ぶほど，それがいかに信用ならないものか，場合によっては数学を自己の
権威付けに用いているだけではないか，という印象は高まるばかりである．

　結局のところ，経済学は，間違った皮相な前提（さらに特定すれば皮相で貧

---

[4] 佐伯氏が（4）で述べたことは，別の側面からも重要な問題を提起してくれる．近代経済学
がわれわれに直接的に及ぼす問題で最も大きな問題は，ここで述べられている商品ならざる
ものを商品化してしまうことにあるからである．これを経済人類学者ポラニーは，その著書
『大転換』の中で，「擬制商品」と称している．
　　ポラニーが述べる「擬制商品」とは「貨幣」「土地」「労働」である．ポラニーによれば，
産業革命以後，われわれは，こうした商品ならざるものを商品化してきたのであり，そこに
こそ今日の社会問題の数々――格差問題，人間の疎外，環境問題などが凝縮していると言っ
ても過言ではないだろう．
[5] たとえば真空状態（摩擦なしという理想状態）は，ポンプで空気を抜いてしまうことで実現
可能であるし，フリーフォール状態にしてしまえば，重力の影響を無くしてしまうこともま
た可能である．

相な人間観と社会観——この社会観もまた社会とは言えないほどに貧相である. というのも, こうした皮相で貧相な人間の集合体が社会だ, というのであるから…) の上に構築されているのである. さらに, そこから派生するように経営学なる体系が構築され, さらには金融工学なる体系まで構築されるに至ったのが今日のこの分野とその関連分野の全景である. それは, ほとんど脆弱で無茶苦茶な土台の上に屋上屋を重ねるようなものであり, そうした体系が現実を一切反映しないことはほとんど当たり前であろう. 冒頭で経済学と経済を, そして経営学と経営を画然と分ける記述をした理由はこういうことである. 前者の2つの学は, 部分的・局所的に説明方法として有効であるにすぎない. 本当にたったそれだけのことであり, ましてやそれが普遍妥当することなど絶対にないのである.

2. 効用関数——効用を最適化する

さて, ではここで件の効用関数なるものを具体的に紹介しよう. 前節では, ビールと具体的な財を挙げたが, ここでは抽象的に財 X, 財 Y, … としてその数量をそれぞれ $x, y, \ldots$ として, 効用関数を $Z(x, y, \ldots)$ とする.

まずは, 変数を1つにして概要をつかもう.

いま, 効用関数が, $Z(x) = \log(x+1)$ であるとする. すると, 効用曲線は, たとえば,

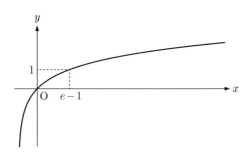

図 8.1

となる. なお, ここでなぜ $Z(x) = \log(x+1)$ が効用関数として選ばれたかは, ケースバイケースであるが, 変数 x が増加すると効用の増加率がゆるやかに低

減していることによる（p.133 の解説をあらためて参照のこと）．この効用関数は，本当にケースバイケースで，$Z(x) = \sqrt{x}$ のようにとってもよい．この場合は，

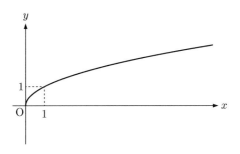

図 **8.2**

となる．この場合も効用の増加率が低減していることがわかるが，先の対数関数よりも低減の度合いがゆっくりである（つまり，なかなか低減しない）．

いささかしつこいが，効用関数を，$Z(x) = -x^2 + 5x$ とすると，効用曲線は，ある 1 点で極大となりその後は低減（この関数の場合は，高まり度合いをそのまま逆転させるように）する様子を描くことができる．——こういう場合，つまり，ある臨界点を超えると効用が逆転してしまう場合もあるであろう．

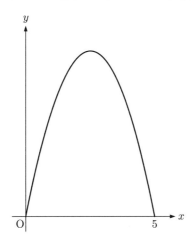

図 **8.3**

いずれにせよ，はっきり述べれば，まあなんでもありなのである．しっかりと根本的に考えるとわからないことだらけなのだが，要するには，それっぽい関数をもってきたら説明原理としてはそれでよい，ということだ．

いずれにせよ，状況によって効用関数は，様々に変化する．で，さらには上記したことを多変数へと拡張し，その複雑な事態の中で（つまりは様々な市場条件の中で）効用が最大となるように，人間は消費行動を行う，というのが経済学の主張である．これを経済学では効用が最適化された，と述べる．

たとえば，具体的に効用関数が $Z(x, y, \ldots)$ と与えられた場合，$x = \alpha, y = \beta, \ldots$ で最大（極大値）であるならば，人間はそのように行動する（そのように財を購入する＝消費行動する），というのである．——数学的には，効用関数 $Z(x, y, \ldots)$ があって，これに制約条件 $U(x, y, \ldots)$ が加わり，この条件の下で $Z(x, y, \ldots)$ を最大化する，という問題である（次節と章末の問題を参照のこと）．

図8.4は，この問題の最も単純な場合を表したもので，効用関数 $Z(x, y) = \alpha xy$ に対して制約条件 $\beta = ax + by$（α, β, a, b は定数）が課された場合である．この場合，両者の接点 P が効用の最大点＝最適化ポイントである（章末の練習問題の *8-4* を参照のこと）．

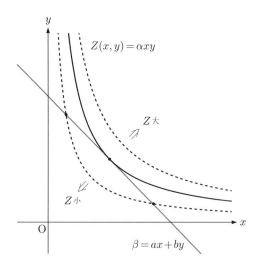

図 **8.4**

　さて，いかがであろうか？　以下の3節でも述べることだが，言われてみればそんな気もしてくる，といった程度のものではある（事実，そういう側面がまったくないわけではない）．がしかし，決定的におかしいことがある．それはまず，なぜ効用関数をそのような形にしたのか？　ということである．その選択に一般性はまったくない．恣意性そのものである．仮に，数十人，数百人規模の実験を行って自分の効用（という幸せ感）を数値化して報告してもらっても，そんなものは何の意味もないだろう．それどころか，こうした事態はそもそも関数や数学でもって表現しなければならない類のものであろうか？　数学で表現することでメリットがある場合はそうすればよいのだが，少なくともこの場合は数学で表現することのメリットはほとんどないと言わざるを得ないように思われる．（それどころか，デメリットの方が大きいのではないか？）また，この程度のこと（ある種，考えてみれば「まあそういう側面もあるわな」という程度のこと）をわざわざどうしてこんな面倒で仰々しい数学にしたのか，よくわからなくなってすらくる．まあ，メリットがあるとすれば，他ならぬ経済学者が（あるいは一部の経営学者が）数式を扱って，いかにも科学っぽい理論で悦に入ることができる，という程度のものであろう．

　なお，本章の最後に効用最大化についての練習問題（最適化問題）をいくつか載せておく．経済学にとっては重要である．参考にしてみてほしい（あるいは悦に入ってみてほしい）．

3.　最適化問題を解く——ラグランジュの未定乗数法

　本節では，上記した最適化問題の解き方を紹介する．簡単化するために変数は2つとしておく．

　最も単純な方法は，制約条件から効用関数の変数を減らし変数をひとつにしてしまい，その関数の最大値を求めることである．つまり，効用関数を $Z = Z(x, y)$，制約関数を $U = U(x, y)$ とした場合，$U(x, y) = 0$ を用いて，$Z = Z(x, y)$ を x だけの関数にしてしまうのである．これは，章末の練習問題で各自行ってほしい．単純な最大値を求める問題である．

　最適化問題を解く場合，もっとエレガントな方法がある．これが，ラグラン

ジュの未定乗数法である．上記の設定の場合，新たな変数である未定乗数 λ を
導入して，以下のようにラグランジュ関数（ラグラジアン）を定義する．

$$L(x, y\,; \lambda) = Z(x, y) - \lambda U(x, y)$$

すると，$Z = Z(x, y)$ を最大化する x, y は，以下を満たす．

$$\frac{\partial L}{\partial x} = 0, \quad \frac{\partial L}{\partial y} = 0, \quad \frac{\partial L}{\partial \lambda} = 0$$

論より証拠である，以下にひとつ例を出す．

例題 8.1　財 A と財 B を購入する．予算は 3,000 円以内である．A は 100
円，B は 150 円でそれぞれ x 個，y 個を購入するとする．このときの効用関
数が，$Z = xy$ で与えられていた場合，どのように購入すれば効用は最大化
されるかを求めよ．

解答　制約条件は，$100x + 150y \leqq 3000$ なので制約関数を $U = 100x +$
$150y - 3000$ とする．ラグランジュの未定乗数を λ とすると，ラグラジアンは，

$$L(x, y\,; \lambda) = xy - \lambda(100x + 150y - 3000)$$

となる．したがって，

$$\frac{\partial L}{\partial x} = y - 100\lambda = 0$$

$$\frac{\partial L}{\partial y} = x - 150\lambda = 0$$

$$\frac{\partial L}{\partial \lambda} = -(100x + 150y - 3000) = 0$$

なので，上記を解くと $x = 15, y = 10$ となる．すなわち，A を 15 個，B を 10
個という購入が最適であり，その際の効用関数の最大値は，$Z = 150$ である．

　要するに，関数を特定の制約下で最大化するという最大化問題である．

　なお，この例題が妥当しそうな具体的な事例を挙げてみると，たとえば複数
人で行うお菓子パーティーの買い出し担当者の行動である．ポテトチップスと
チョコレートをあわせて 3,000 円になるように買おうとしたら，おそらくこの
例題が示すように行動すると参加者から最も感謝される可能性が高い（… ので

はないかな，と思う）．しかしながら，これもまた可能性にすぎないのだが…．

　なお，この数学的形式もやはり物理学（古典解析力学）とものすごく似通っているのである．―というか，ここまでしっかり読んできた人は容易に想像できると思うが，経済学が物理学を真似たのである．

　解析力学は一般化された運動エネルギー $T = \dfrac{1}{2}mQ(\dot{x}, \dot{y}, \ldots)$ と系のポテンシャルを $U(x, y, \ldots)$ として，ラグラジアンを $L = T - U$ ととり（これは最小作用の原理から演繹される），以下のようにラグランジュの運動方程式（ニュートンの運動方程式と同じである）を導出する．

$$\frac{d}{dt}\frac{\partial L}{\partial \dot{x}} - \frac{\partial L}{\partial x} = 0$$

$$\frac{d}{dt}\frac{\partial L}{\partial \dot{y}} - \frac{\partial L}{\partial y} = 0$$

$$\cdots\cdots$$

　物理学の場合，この方程式は現実の諸側面と完全に一致する．人工衛星の軌道から電磁現象，熱・統計力学など，古典物理学が妥当する領域では寸分違わずに現実を記述し，100％正確である．この正確さは，系に極めて複雑な擾乱が入ってきた場合でも原理的に失われることはない．あまりの複雑さのために，その方程式をうまく解くことができなくとも，数値計算すれば基本的に過去から未来まで物質の挙動は確定するのである．

4.　数理化された経済学と経営学の功罪

　さて，効用関数とその最適化について簡単に概要を説明すると同時に，まったく否定的な見解を正直に述べた．しかしそれだからと言って，まったくもって100％，経済学が，そして経営学が無意味であるかというとそういうことではない．無意味なのではない．少なくとも，場合によっては，そして条件によってはうまく現実を説明することはある．あるいは，超理想的で理解しやすいように単純化してモデル化することによってだいたいの挙動を想像したり把握したりしようと努めるツールにはなる．要するに，効用についてならば，まあ確かに手持ちの資金で（資金などという仰々しい言葉ではなく，もっと単純

に手持ちのお金で，と言った方がわかりやすいであろう），何と何を購入すれば一番ラッキーか，ということはおそらく考えるであろうし，「君は，自己利益を最大化しようとはしないのか？」と問われれば，ある場面においてはそうなるように行動することは確かであろう（ただしやはりこの場合でも絶対にそうとは限らないことをどうしても付記せざるを得ない）．つまり，非常に限られた一面において確かに単純なモデル化が有効な場合はあるのである．これは確かに功罪の功の部分であろう．

　しかし，それはそのモデルが成立した瞬間的なもので，その成立時間と成立場所のわずかな近傍でしか成立しないような類のものである．そしてそれらは，非常に事後的な結果論であって，ある均衡が生じた後に「（そのときに，あるいはその瞬間に生じていたことは）斯く斯く然々であった」と過去形で説明することが可能となるだけである．その均衡から先は様々な攪乱が作用してきてたちまちにその均衡は崩壊する．（マクローリン，テイラー展開で述べたことを思い出してほしい．）いつまでも，その次も，どこでも—つまり，空間的・時間的な意味においてどこまでもその均衡が成立するわけではない．気分が変われば次の瞬間ですらもうすでに成り立たない．すなわち，再現性はまったくない．言い換えれば，理論はどう頑張っても未来形にはなり得ない．また，過去形なのであってみれば，結局はどのようにでも言えてしまうのである．

　繰り返しになるが，それは非常に特殊な思考実験の類であり，複雑な現実をどうにか理解しようとする1つのツールにすぎないのである（ということは過去形である）．理論にとっての現実は未来形である．しかし，経済理論にとっての未来形は，様々に計算不可能な要因が介在してくることで，条件が時々刻々と変化し，その結果，おかしな言い方だが，いわば時々刻々と破綻し，時々刻々と均衡点を変えるのである（そして，しつこいほどの繰り返しになるが，その計算不可能なところにこそ人間の，あるいは人間社会の所以たる本質があるのである）．

　経済学者や経営学者もこう考えてくれていれば何も問題はない．ところが，マニュアル化され教科書化されて学化された経済学と経営学は己の普遍性をどこまでも貫き通そうとする．かくして，逆転が生じることとなる．つまり，理

論どおりにいかないのは，現実に問題がある，という発想である．ある均衡点近傍でしか成立しないはずの特殊なものをどこまでも成立させようとする，あるいは，成立しなければならない，と考えるのである．ざっくりと大雑把に述べてみれば，昨今の，そしてここ 30 年間に渡って日本を席巻した（している）改革騒動の根幹にはこうした現実と理論の逆転現象があったのである．

　この逆転現象のただ中でやり玉に挙がったのが，第 1 節の（2）に述べられている「政治や社会状況，文化状況」である．うまく理論どおりにいかないのは，何らかの攪乱があるからである．その攪乱こそが「政治や社会状況，文化状況」であり，その構造を改革することで理論どおりに現実が機能して効用最大化たる幸福を享受できるはずである，というのである．すなわち，構造改革である．

　しかし，よく考えてみると，経済を機能させているのは，実はそうした政治や社会状況，文化状況なのだ．換言すれば，人間をホモ・エコノミカスとして規定し，幸福をホモ・エコノミカスの効用最大状態と考えたことそのものが，実は特定の政治状況と社会状況・文化状況と独立ではないのである．ここに密かに価値観が潜り込まされているのである．かくして，経済学の普遍妥当性を主張することは特定の文化の普遍妥当性を主張することと根本的には同義である．グローバリズムの根底にはこうした構造が潜んでいる．さらに述べれば，こうしたある特定の価値観や考え方を普遍妥当すると考えることそれ自体にも特定の文化的バイアスが内在している．すなわち，数学化して無色透明であるかに装っているけれど，その根幹には確固たる思想が刻印されているのである．

　ともあれ，こうした諸々の要因をして現実と理論の逆転現象が生じたのであった．

　それにしても，通常，自然科学であれば（いや，普通に常識的な思考力さえあれば），現実が理論どおりにいかなければ，理論に不備があると考えるはずではないのか．ところが，驚くべきことに，経済学は（そして経営学は），現実がおかしくて，間違っていると述べたのである！　そしてその現実たる世界を改革という美名の元に，あるいは進歩という思想の元で徹底的に破壊したのである．経済学の，そして経営学の罪は大きいと言わねばならないであろう．

5.　では何のための数学なのか？

　終章へきてなんとも無茶な展開になったものだ，と思っている読者も少なからず存在するであろう．ここへ至るまでに「どうやらこの筆者は経済学や経営学に数学を用いることには否定的なのだな」とは思ったであろうが，ここまでこき下ろすとは！　しかも，それがどうやら筆者の個人的な趣味趣向というわけでもないらしく，それなりの根拠もあってのこと，となると何のための経済数学・経営数学なのか，いや経済学・経営学なのかさっぱりわからなくなってしまうだろうからである．

　これに対する筆者からの回答は「そんなもん知らん！」というものである．——ということは「自分で考えてくれや」ということでもある．

　がしかし，いささか迂遠にこの問いへの回答を述べておこうとは思う．

　そもそも近年「それは何の役に立つのか？」などという問いかけがやたら多くはないだろうか？　「無駄なことは一切やるまい！」，あるいは「やるな！」とでも言わんばかりなのである．こうした傾向の背景を探ってゆくと結局のところ金銭的損得勘定に行き着く（それは，ホモ・エコノミカスの行動原理そのものでもある）．そうこうすると，大学までもが就職のための，ということは単なる経済的利得のための手段と化してしまうであろう——いや，すでにそうなってしまって久しい．だが，学問とは，そして大学とはそういった経済的な損得勘定とは対極にあって，本来はそういう基準とは異なった価値観そのものだったのである．しかし，大学にあっても，ほとんどすべてが経済学の用語で語られるようになった．極端な場合，学費という対価を支払って卒業証書という商品を買う，などと思っている学生もいるであろうし，そこまでいかなくとも，将来役に立つ知識を買っている，と本気で思っている大学生は数多いるであろう．学生だけではなく，近年は，学校側にもそうした思考が浸透してきている．まことに貧相なことこの上ないのではあるが，しかし，それこそが，経済学の前提条件に忠実に従った結果の社会の姿なのである．

　物理学理論の恐るべき威力は，その理論が根底で抱く世界観のとおりに世界を改変してゆくことにある．理論が抱く世界観に沿って構築された世界から発せられる問いはそれ自体もすでに理論内存在であり，原理的に解答可能な

のである．しかし，その解答は理論をさらに強固にしてゆき，世界は盤石で揺るぎなきものと目されるようになってゆく．同じように，われわれの社会は，経済学が前提とする人間像と社会像へと改変されてゆくのである（そして経済学が物理学を範にして構築されているのであってみれば，世界も人間も社会も物理学の描くようなモノと化してゆく）．理論と世界との関係は常にこのようなものであって，こちらの思考のひな形に合わせるようにあちらも変化して立ち現れてくる．客体は主体の思考のひな形に則って変化するのであって，この点を鑑みるに確かにカント[6]は惚れ惚れするほど正しい．——たとえば，金融工学の理論は，ある段階まではそれなりに機能しているのではあろう．しかし，それは考えてみるとほとんど当たり前である．というのも，すべてのディーラーは，金融工学の理論の影響からフリーになることはできないからである．ディーラーの行動が金融工学の理論に沿っていれば，その結果であるところの現実もまた金融工学に沿ったかの様相を見せる．理論が現実を創り，その現実が一見する

Immanuel Kant
(1724-1804)

と理論を補強するかに見える．で，時たま生じる危機は理論が未発達であるだけのことのように思えてしまうのだ．繰り返すが，理論と世界とはこうした関係に常にある．

---

[6] イマヌエル・カント（Immanuel Kant:1724-1804）はドイツの哲学者．『純粋理性批判』，『判断力批判』，『実践理性批判』などで知られる．特に『純粋理性批判』は，超難解をもって知られるが，苦労して読解してゆき，徐々に理解が進んでくるとこの書がおそろしく明快で一切の誤読の入り込む余地がないこと，そしてまた，いかに強固な論理で構築されているかということに気が付くであろう．
　　カントの哲学は，その後の様々な哲学・思想に多大な影響を与え，文字どおり，近・現代哲学の発火源でもある．また，哲学者と言えばカントというほど，ほとんど哲学のアイコンと化している感すらある．
　　カントは，『純粋理性批判』において，われわれの認識を可能ならしめるフォーマットとしてわれわれの側に純粋直観形式なるひな形をアプリオリ（先験的に，つまり経験に先立ったものとして）に仮設する．このアプリオリなひな形の形式が，われわれが世界をかくのごとく認識する所以である，というのである．
　　かくして，カントによる認識のコペルニクス的転回が生じる．すなわち，われわれの認識が対象に従うのではなく，対象がわれわれの認識に従うのである．——対象は，われわれがそのように観ているから（認識しているから）そのようなものとして立ち現れるのであって，その逆（そのようなものだからそのように観える）ではないのだ．

ということは，われわれは，史上希に見るほどに貧しく貧相な世界へと突き進んでいるのではあるまいか？ 貧相な発想と思考は貧相な社会と人間を創り上げることとなるからである．

物理学は，量子力学の誕生以来，存在の核を喪失したと言われている．そういう理論は，本当に世界から存在を喪失せしめる（物理学は物理学で，科学は科学で問題をはらんでいる）．そしてまた，あまりにも人間らしからぬ人間を前提とした理論に沿って社会を構築しようとすると人間は人間ではなくなり，社会は社会として機能しなくなるのである．つまり壊れるのだ．——昨今の世相を鑑みるに，たしかに社会も人間も壊れてしまっているのではないか．

科学も経済学も，20世紀に入ってから長足の進歩を遂げ，もはや行き着くところまで行ってしまったかの感すらある．そしてその結果としての現状なのであってみれば，いま，われわれが内省的に行わなければならないことは，かかる思考のひな形そのものについて思考してみることであろう．奇しくも両者は数学の言葉で書かれている．これは偶然ではない．——残念ながら紙幅も尽きた．この問題に本書で深入りすることはできない．読者自らが学び，そして考えてみてほしい（本書の姉妹版，線形代数篇の第7章なども参考にしてみてほしい）．

ともあれ，「考えよ！ そのための数学である！ 哲学である！ 学問である！」ということである．

さて，なんのための数学なのか，ということについて回答する代わりに，筆者が執筆中に繰り返し考えていたことを書いておこう．

筆者は，大きく分ければ2つの目的のために，細かく分ければ3つの目的のために本書を書いた．その目的の1つは，まったくもって「経済学と経営学についてより根本的に考えるための数学」であって，学がいかに世界を破壊せしめたかを篤と考えるための一助として，である．つまり，上記してきたようなことである．そして最後の1つは，ただただ数学のためと，これにもう1つだけ付け加えるならば，ひいては文化・文明のためである．数学は，そして学問は，本当は何の役にも立たない．数学にも学問にも経済的利得などない．あるはず

がない！　しかし，その一見すると無駄そのものに見えるものがいかに人間精神を豊穣ならしめたかを，これまた篤と読者に体感せしめたいがためである．

世界には，カネなどよりよっぽど崇高なものがあるのだ．そしてまた，世界は己の思考のただ中に屹立するのである．

以上を記して脱稿することとしたい．
終始，型破りそのものであったが，読者諸君よ，諒とされよ！

練習問題

ここでは，本文中で述べた効用最大化（最適化）の問題を掲載しておくが，その前に単純な関数の最大最小の問題も載せておくことにする．数学的には基本的に同種のものであることを確認してほしい．

【1 変数の最大値・最小値問題】

8-1

(1)　2 次関数 $y = -x^2 + 4x + 5$ の最大値・最小値を領域（定義域）$-1 \leqq x < 3$ で求めよ．

(2)　3 次関数 $y = x^3 - 3x^2 + 4$ の最大値・最小値を領域（定義域）$-1 \leqq x < 3$ で求めよ．

8-2　関数 $f(x) = 3x^4 + 4x^3 - 24x^2 - 48x$ について，グラフの概形を描き，$-3 \leqq x \leqq 3$ の範囲での最大値と最小値を求めよ．

8-3　2 次曲線 $y = -x^2 + 9$ と x 軸によって囲まれる領域に内接する長方形の面積が最大になるのは，どのような状態のときで，その最大値はいくつか求めよ．

【効用最大化（最適化）問題】

8-4　以下の問いを，それぞれ①ラグランジュの未定乗数法を用いずに解く，②用いて解く，の 2 つのパターンで解け．

(1)　ある商品（財）X と Y を購入したい．X の値段は 100 円，Y の値段は 200 円で，手持ちの資金は 10,000 円であったとする．ここで，この商品の購入個数をそれぞれ x 個，y 個として，効用関数が $Z(x, y) = xy$ で与えられている．Z を最大化する x, y を求め，そのときの Z の値を求めよ．

(2)　上記（1）と同じ設定で，効用関数が $Z(x, y) = \sqrt{xy}$ の場合はどうなるだろうか．

8-5　財 X と Y について，それぞれ x 個，y 個を購入する場合，ある複雑な状況下であったために，効用が $Z(x, y) = 4x^2 - xy + 2y^2$ で与えられていて，$x + y = 12$（合計で 12 個までしか買えない）という制約が課せられていたとしよう．この場合，どの

ような購入が Z を最大化するだろうか．また，そのときの値を求めよ．

8-6　楕円 $\dfrac{x^2}{a^2} + \dfrac{y^2}{b^2} = 1$ に内接する長方形の面積 S の最大値をラグランジュの未定乗数法を用いて求めよ．なお，楕円上の点 $(x, y)\,(x > 0, y > 0)$ を1つの頂点とする楕円に内接する長方形の面積 S は $S(x, y) = 4xy$ である．

8-7　問題 **8-6** を少し変えてみよう．

　今度は，効用関数が，$S(x, y) = 4xy$ で，制限条件が，$\dfrac{a^2}{x^2} + \dfrac{b^2}{y^2} = 1$ だった場合，S の最大値はどうなるだろうか．ラグランジュの未定乗数法を用いて求めよ．

8-8　問題 **8-6** と問題 **8-7** を参考にすると，問題 **8-3** は，何が効用関数に相当し，何が制約関数に相当するであろうか．具体的に示し，実際にラグランジュの未定乗数法を用いて解いてみよ．

読書案内

まずは純粋な数学としての微積分と文化としての数学（数学史）についてである．

- [1]　森毅，『微積分の意味』（日本評論社，1978）
- [2]　高木貞治，『定本 解析概論』（岩波書店，2010）
- [3]　ポントリャーギン，『やさしい微積分』（ちくま学芸文庫，2008）
- [4]　藤原正彦，『天才の栄光と挫折—数学者列伝』（文春文庫，2008）

[1] は，いまは亡き森毅先生（一刀齊）の名著である．微積分とはどういう概念なのか，どういう考え方をするのか，等々を森先生ならではの語り口で述べている．一読を勧めたい．また，同じく森先生の『数学の歴史』（講談社学術文庫，1988），『異説 数学者列伝』（ちくま学芸文庫，2001）なども文化としての数学を知る上では好著である．より最近のものでは，[4] の藤原正彦氏の筆によるものは好著である．NHK の人間大学のテキストとして書かれたものを文春文庫として出版しており，コンパクトで読みやすい内容になっている．

[2] は，微積分の古典的名著である（筆者は改訂第 3 版（1983）で読んだ）．ただし読破するには相当の忍耐と努力が必要である．

高木貞治は，日本初の国際的な数学者である．数学者で（あるいは物理学者で）高木の名を知らない者はいない．なお，高木は筆者の高校の先輩でもある（高木は旧制岐阜中学）．高校時代の筆者は，高木の解析概論をひたすら読んだ．最初はまったくわからなかったが，あるときからスイスイとわかるようになった．この経験は，その後，筆者が物理学を学ぶ際の，あるいは難解な哲学書を紐解く際の糧となっている．

学生は，こういう体験をどんな分野でもいいからしてみるべきだと思う．

[3] はロシアの盲目の数学者ポントリャーギンの名著である．レベルは高校レベルで読破できるように書かれている．

次に経済数学関連のものをいくつか挙げておく．おそらく，社会科学系の学生ならば，純粋数学の書物を元にして数学を学ぶよりは以下のような経済数学の書物を紐解く方がよいと思われる．

[5] ドウリング，『例題で学ぶ 入門・経済数学　上下』（シーエーピー出版，1995，1996）

[6] チャン・ウエインライト，『現代経済学の数学基礎　上下』（シーエーピー出版，2010）

[7] 尾山大輔・安田洋祐編著，『改訂版 経済学で出る数学』（日本評論社，2013）

[5] と [6] は重厚なアメリカ流の教科書である．具体的な個々の問題を解くために参考にするには絶好である．また，[7] は，そうしたタイプの経済数学の教科書の日本版とでも言ったところであろう．経済学を学びながら必要となる数学を懇切丁寧に解説してある．おそらくは，この一冊を理解してしまえば，数学のみならず大学 4 年間の経済学はほぼ網羅していると言えそうである．

最後に本文中で触れなかった経済思想系の比較的読みやすい本も挙げておこうと思う．

[8] 西部邁，『西部邁の経済思想入門』（放送大学叢書，2012）

[9] 松原隆一郎，『経済思想入門』（ちくま学芸文庫，2016）

[10] 中野剛志，『真説・企業論 ビジネススクールが教えない経営学』（講談社現代新書，2017）

[11] 原丈人，『「公益」資本主義 英米型資本主義の終焉』（文春新書，2017）

無数にあるのだが，とりあえずは入門と冠している 2 冊を挙げておく．ここから出発して興味のある学説や学者の周辺へと手を広げてゆくといいだろう．

[10] と [11] については経済学部，経営学部の学生にこそ読んでいてほしい一冊である．いずれも刺激的で本質を穿った論考である．

ところで，近年，日本人の活字離れが急速に進行している．大学生も例外ではない．酷い場合だと新書一冊すら読めない（本当に読解できずに書いてある

意味がとれないようである）という大学生すら存在する．できて当たり前のことはできなければならない．本を読んでほしいと思う．

追悼

　本書執筆中の 2018 年 1 月 21 日（日曜日）午前、本欄で紹介した西部邁先生逝去の知らせが飛び込んできた。享年 78 歳。多摩川に入水した「自裁死」であった。何年も前から自ら宣言されての決行であった。

　筆者は、西部一門の末席に座する者として、生前の西部先生から計り知れぬ学恩を授かった。死に方は生き方である。いかに生き、いかに自らの思想を形成するか、模索し続けなければ、と筆者は今、痛感している。

　日本は、これから、坂道を転がり落ちるように急速に凋落してゆくだろう。いや、日本のみならず、現代文明そのものが黄昏を迎えている。

　かかる衰退期にあって、知識人に出来ることは、一つの狭い専門分野に拘泥することなく、広く教養人たらんと志すことである。それが西部先生の教えであった。崩れ去らんとする文明のただ中で、西部邁先生の思想と言葉は文字通り橋頭堡であり続けるであろう。

　大思想家西部邁先生の御霊に合掌

問題解答

第 1 章

問 1.1　　p.4

(1)

(2)

(3)

(4)

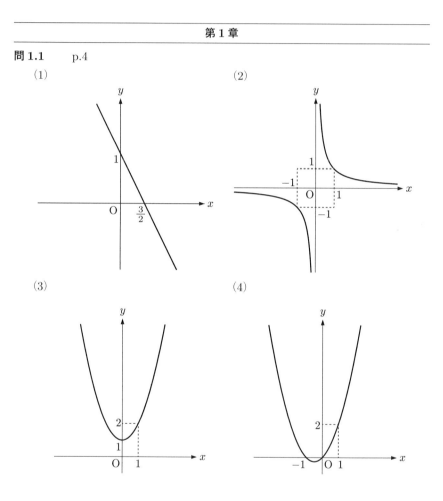

(5)

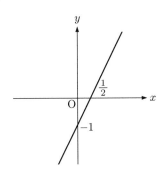

(6)

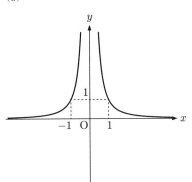

(7)

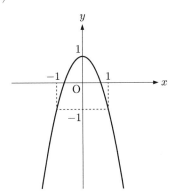

(8)

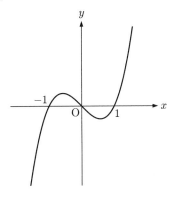

(9)

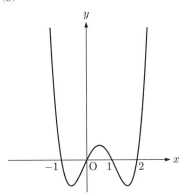

(10)

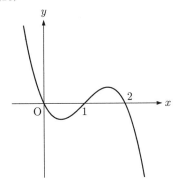

練習問題　p.12

1-1

(1) a^5　　(2) a^{15}　　(3) 1 ; a^{n+m}　　2 ; $a^{n\times m}$

(4) 1 ; 上記の問題で示したとおりなので，たとえば，$a^3 \times a^{-2} = a$ となるが，$\dfrac{a^3}{a^2} = a$ であることから，$a^{-2} = \dfrac{1}{a^2}$ である．すなわち，$a^{-s} = \dfrac{1}{a^s}$ である．

2 ; 上記を敷衍すると，$a^3 \times a^{-3} = \dfrac{a^3}{a^3} = 1$ であるから，$a^3 \times a^{-3} = a^0 = 1$ としなければならない．つまり，0 乗は 1 である．

3 ; $A = \sqrt{a}$ とすると，$A^2 = a$ である．一方，$(a^n)^m = a^{n\times m}$ なのだから，$A = a^{\frac{1}{2}}$ と記すことができることが分かる．——なぜならば，この両辺を 2 乗すると，$A^2 = (a^{\frac{1}{2}})^2 = a$ となるからである．同様に，$A = \sqrt[3]{a}$ を 3 乗根と呼び，$A^3 = a$ であり $A = a^{\frac{1}{3}}$ である．また，$A = \sqrt[4]{a}$ を 4 乗根と呼び，$A^4 = a$ であり $A = a^{\frac{1}{4}}$ である．つまり，$A = \sqrt[r]{a}$ を r 乗根と呼び，$A^r = a$ であり $A = a^{\frac{1}{r}}$ である．

4 ; 上記を総合すると確かに，$\sqrt[r]{a^s} = (a^s)^{\frac{1}{r}} = a^{\frac{s}{r}}$ である．

1-2

(1) $5^{\frac{5}{3}} \times 5^{\frac{1}{3}} = 5^{\frac{6}{3}} = 5^2 = 25$

(2) $81^{\frac{1}{4}} \times \dfrac{1}{3^{1.5}} = 3 \times \dfrac{1}{3^{1.5}} = \dfrac{3^1}{3^{1.5}} = \dfrac{3^0}{3^{0.5}} = \dfrac{1}{3^{\frac{1}{2}}} = \dfrac{1}{\sqrt{3}}$

(3) $3^{(-\frac{3}{2})\times\frac{2}{3}} = 3^{-1} = \dfrac{1}{3}$

(4) 解答として，2 つの方法を示しておこう．

1 ; $2^{-1.5} = 2^{-\frac{3}{2}}$，$2^{2.5} = 2^{\frac{5}{2}}$ なので，
$$2^{-\frac{3}{2}} \times 2^{\frac{5}{2}} = 2^{-\frac{3}{2}+\frac{5}{2}} = 2^1 = 2$$

2 ; $2^{-1.5} \times 2^{2.5} = 2^{-1.5+2.5} = 2^1 = 2$

である．

1-3

元のグラフと対称軸である $y = x$ のグラフも描いてある．

(1) $y = x^2,\ x \geqq 0$

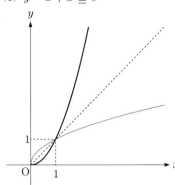

(2) $y = x^2,\ x \leqq 0$

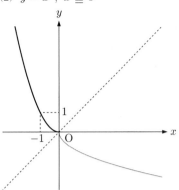

(3) $y = 3x + 3$

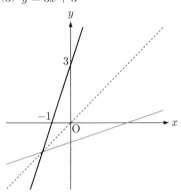

(4) $y = 10^x$

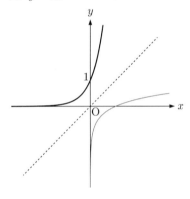

1-4

(1) $\log_{10} 100 + \log_{10} 1000 = \log_{10} 10^2 + \log_{10} 10^3$
$$= 2\log_{10} 10 + 3\log_{10} 10 = 2 + 3 = 5$$

(2) $\log_{10} 100 - \log_{10} 1000 = 2 - 3 = -1$, 見てのとおり (1) が引き算になっているだけである.

(3) $\log_4 32 + \log_2 64 = \dfrac{\log_2 32}{\log_2 4} + \log_2 2^6 = \dfrac{\log_2 2^5}{\log_2 2^2} + 6 = \dfrac{5}{2} + 6 = \dfrac{17}{2}$

(4) $\dfrac{\log_3 3^{-3}}{\log_3 3^2} - \log_3 3^4 = -\dfrac{3}{2} - 4 = -\dfrac{11}{2}$

(5) $x \log e + \log_{10} \dfrac{1}{\left(\frac{1}{10}\right)^y} = x + \log_{10} 10^y = x + y$

第 2 章

問 2.1　　p.17

以下，$n = 1, 2, 3, \ldots$ として，

(1)　公差が 2 なので，$a_n = 2n - 5$ である.

(2)　公差が -4 なので，$a_n = -4n + 71$ である.

(3)　公差が 4 なので，$a_n = 4^{n-1}$ である.

(4)　公差が 3 なので，$a_n = 4 \cdot 3^{n-1}$ である.

問 2.2　　p.19

【1】 (1) $a_n = 0.5n + 1.5$　　　(2) $S_k = \dfrac{1}{2} k(3.5 + 0.5k)$, or $= k\left(\dfrac{7}{4} + \dfrac{1}{4}k\right)$

【2】 (1) $a_n = 3 \cdot 3^{n-1} = 3^n$　　　(2) $S_s = \dfrac{1}{2}(3^{s+1} - 3)$

問 2.3　　p.22

$(1.05)^n > 2$ となる n を求めると 15 年後となる.

問 2.4　　p.22

n 年後の預金は，$100\left(1 + \dfrac{r}{100}\right)^n$ 万円となっている.

問 2.5　　p.30

初項が 1 で公比が 0.8 の等比数列を考えればいいので，一般項は $a_n = (0.8)^{n-1}$ である．これを第 k 項まで加算すると，$S_k = 5[1 - (0.8)^k]$ なので，$k \to \infty$ の極限をとると 5 となり，したがって乗数効果は 5 である.

練習問題　　p.38

2-1

　(1) $a_n = 3n - 1$　　　(2) $S_m = \dfrac{m(3m + 1)}{2}$

2-2

　(1) $a_n = \left(-\dfrac{1}{3}\right)^{n-1}$　　　(2) $S_k = \dfrac{3}{4}\left[1 - \left(-\dfrac{1}{3}\right)^k\right]$

　(3) $\displaystyle\lim_{k \to \infty} S_k = \lim_{k \to \infty} \dfrac{3}{4}\left[1 - \left(-\dfrac{1}{3}\right)^k\right] = \dfrac{3}{4}$　　（つまり，$\dfrac{3}{4}$ に収束する.）

2-3

　(1) $a_n = \left(\dfrac{1}{2}\right)^{n-1}$　　　(2) $S_k = 2\left[1 - \left(\dfrac{1}{2}\right)^k\right]$

　(3) $\displaystyle\lim_{k \to \infty} S_k = \lim_{k \to \infty} 2\left[1 - \left(\dfrac{1}{2}\right)^k\right] = 2$

2-4

　$a_n = n^2 - n - 3$

2-5

(1) $a_n = 6\left(-\dfrac{1}{2}\right)^{n-1}$ 　　　(2) $S_r = 4\left[1-\left(-\dfrac{1}{2}\right)^r\right]$

(3) $\displaystyle\lim_{r\to\infty} S_r = \lim_{r\to\infty} 4\left[1-\left(-\dfrac{1}{2}\right)^r\right] = 4$

2-6

(1)　初項が 1 で公比が 0.7 の等比数列を考えればよいので，この一般項は，$a_n = (0.7)^{n-1}$ である．これを第 k 項まで加算すると，$S_k = \dfrac{10}{3}[1-(0.7)^k]$ なので，乗数効果は，$k\to\infty$ の極限をとると，$\dfrac{10}{3}$ となる．

(2)　初項が 0.8 で公比が 0.8 の等比数列を考えればよい．したがって一般項は，$a_n = (0.8)^n$ である．これを第 k 項まで加算すると，$S_k = \dfrac{5}{2}[0.8-(0.8)^{k+1}]$ なので，$k\to\infty$ の極限をとると 2 となり，所得はトータルで減税分の 2 倍となると予想される．

(3)　（消費）：（貯蓄）$= a : 1-a$ とすると（つまり，a を消費し $1-a$ を貯蓄すると仮定すると），初項が $\dfrac{a}{10}$ で公比が $\dfrac{a}{10}$ の等比数列を考えることになる．つまり，一般項は，$a_n = \left(\dfrac{a}{10}\right)^n$ である．これを第 k 項まで加算すると，$S_k = \dfrac{10}{10-a}\left[\dfrac{a}{10}-\left(\dfrac{a}{10}\right)^{k+1}\right]$ である．$k\to\infty$ の極限をとると，$\displaystyle\lim_{k\to\infty} S_k = \dfrac{a}{10-a}$ である．この数字が 1 となる場合に減税分と同じだけの所得がトータルで増加するのだから，$a = 5$ のときである．すなわち，増加した所得の半分をすべての企業，個々人が消費に使用すると減税分と同じ額だけ所得が増加すると結論できる．

　なお，ここで，単に「所得が増える」と書いているが，GDP（国内総生産）とは所得の総和なのだから，ここで述べてきた「所得」とはすなわち GDP のことである．つまり，もし 1 兆円の減税があった場合，各人・各企業は，自分の懐へ舞い込んだお金の増加分の平均で半分を使えば（国内の居住者が使ってくれれば[1]）減税分の 1 兆円だけ GDP を増加させることになる，ということである．——ということは，少なくとも平均で半分以上を消費にまわしてくれれば 1 兆円以上の効果がでる，ということである．

---

[1] 国内の居住者であることに注意——GDP（Gross Domestic Product）とは国内総生産で，GNP（Gross National Product，国民総生産）ではない．

第 3 章

問 3.1   p.44

(1) $(x^2)' = \lim_{h \to 0} \dfrac{(x+h)^2 - x^2}{h} = \lim_{h \to 0} \dfrac{x^2 + 2xh + h^2 - x^2}{h} = 2x$

(2)   計算は (1) と同様で, $(x^3)' = \lim_{h \to 0} \dfrac{(x+h)^3 - x^3}{h} = 3x^2$

(3)   計算は (1) と同様で, $(x^5)' = \lim_{h \to 0} \dfrac{(x+h)^5 - x^5}{h} = 5x^4$

(4)   二項展開より $(x+h)^n = \displaystyle\sum_{k=0}^{n} {}_n\mathrm{C}_k x^{n-k} h^k$ なので,

$$(x^n)' = \lim_{h \to 0} \frac{\sum_{k=0}^{n} {}_n\mathrm{C}_k x^{n-k} h^k - x^n}{h} = nx^{n-1}$$

となる.

問 3.2   p.51

(1) $\{(x^2+1)(x^3-x)\}' = (x^2+1)'(x^3-x) + (x^2+1)(x^3-x)'$

$\qquad\qquad = 2x(x^3-x) + (x^2+1)(3x^2-1) = 5x^4 - 1$

(2) $(x^2+1)(x^3-x) = x^5 - x$ なので,

$$\{(x^2+1)(x^3-x)\}' = (x^5-x)' = 5x^4 - 1$$

である. よって, (1) の結果と一致した.

問 3.3   p.52

(1) $5x^4 \sin x + x^5 \cos x$　　　(2) $2x \cos x - x^2 \sin x$　　　(3) $(2x+1)\log x + x + 1$

問 3.4   p.53

(1) $\left\{ \dfrac{f(x)}{g(x)} \right\}' = \dfrac{f'(x)g(x) - f(x)g'(x)}{\{g(x)\}^2}$ なのだから, $f(x) = 1$ として,

$$\left\{ \frac{1}{g(x)} \right\}' = \frac{-g'(x)}{\{g(x)\}^2}$$

である.

(2) $\left\{ f(x) \dfrac{1}{g(x)} \right\}' = f'(x)\dfrac{1}{g(x)} + f(x)\left[\dfrac{-g'(x)}{\{g(x)\}^2} \right]$

$\qquad\qquad = \dfrac{f'(x)g(x) - f(x)g'(x)}{\{g(x)\}^2}$

練習問題   p.53

3-1

(1) $x = -1$ のとき,

$$s_{x=-1} = \lim_{h \to 0} \frac{f(-1+h) - f(-1)}{h} = \lim_{h \to 0} \frac{(-1+h)^2 - (-1)^2}{h}$$

$$= \lim_{h \to 0} \frac{1 - 2h + h^2 - 1}{h} = \lim_{h \to 0} (h - 2) = -2$$

$x = 1$ のとき,

$$s_{x=1} = \lim_{h \to 0} \frac{f(1+h) - f(1)}{h} = \lim_{h \to 0} \frac{(1+h)^2 - 1^2}{h}$$

$$= \lim_{h \to 0} \frac{1 + 2h + h^2 - 1}{h} = \lim_{h \to 0} (h + 2) = 2$$

$x = 3$ のとき,

$$s_{x=3} = \lim_{h \to 0} \frac{f(3+h) - f(3)}{h} = \lim_{h \to 0} \frac{(3+h)^2 - 3^2}{h}$$

$$= \lim_{h \to 0} \frac{9 + 6h + h^2 - 9}{h} = \lim_{h \to 0} (h + 6) = 6$$

(2) 導関数は（x^2 の微分は），$y'(x) = 2x$ なので（本文中の問 3.1 を参照のこと），

$$s_{x=-1} = y'(-1) = -2, \ s_{x=1} = y'(1) = 2, \ s_{x=3} = y'(3) = 6$$

となる.

3-2

(1) $x = -1$ のとき,

$$s_{x=-1} = \lim_{h \to 0} \frac{\{(-1+h)^3 + 2(-1+h)\} - \{(-1)^3 + 2(-1)\}}{h}$$

$$= \lim_{h \to 0} (h^2 - 3h + 5) = 5$$

$x = 1$ のとき,

$$s_{x=1} = \lim_{h \to 0} \frac{\{(1+h)^3 + 2(1+h)\} - (1^3 + 2 \cdot 1)}{h}$$

$$= \lim_{h \to 0} (h^2 + 3h + 5) = 5$$

$x = 2$ のとき,

$$s_{x=2} = \lim_{h \to 0} \frac{\{(2+h)^3 + 2(2+h)\} - (2^3 + 2 \cdot 2)}{h}$$

$$= \lim_{h \to 0} (h^2 + 6h + 14) = 14$$

(2) 導関数は，$y'(x) = 3x^2 + 2$ なので，$y'(-1) = 5, y'(1) = 5, y'(2) = 14$ である.

3-3

(1) $y' = 6x - 1$ (2) $y' = 6x^2 - 7$ (3) $y' = 6x^5 + 15x^2 - 2x$

(4) $y' = -6x^{-4} + 2x^{-3} + 2x$ (5) $y' = 4x - 4x^3$ (6) $y' = 5 - 6x$

(7) $y' = 3x^{\frac{1}{2}} - \frac{1}{2}x^{-\frac{9}{10}}$ (8) $y' = -\frac{5}{3}x^{-\frac{8}{3}} + \frac{3}{2}x^{-\frac{1}{2}}$ (9) $y' = \frac{3}{\sqrt{x}}$

3-4

関数 $y = x^2 - 4x + 1$ を微分すると，$y' = 2x - 4$ である．接線の傾きが 0 となるポイントで増減が変わるのだから，$2x - 4 = 0$ として，$x = 2$ である．したがって，$x < 2$ では減少，$x > 2$ では増加である．

平方完成をすると，$y = (x - 2)^2 - 3$ となり，頂点の座標は $(2, -3)$ である．頂点で増減が 0 となることを考慮すると，微分で見たように，確かに $x < 2$ では減少，$x > 2$ では増加である．

以下にグラフの概形を示す．

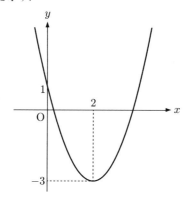

3-5

(1) 関数 $y = x^3 - 3x + 3$ を微分すると，$y' = 3x^2 - 3$ なので，頂点は，$3x^2 - 3 = 0$ より，$x = \pm 1$ のとき，それぞれ，$x = -1$ で極大値 5，$x = 1$ で極小値 1 である．

(2)

3-6

(1) $\sin x + x \cos x$ (2) $(3x^2 - 1)\cos x - (x^3 - x)\sin x$

(3) $\cos^2 x - \sin^2 x$ であるが, $\cos^2 x = 1 - \sin^2 x$ より $1 - 2\sin^2 x$
あるいは $\sin^2 x = 1 - \cos^2 x$ より, $2\cos^2 x - 1$ でもよい.

(4) $2\sin x \cos x$ (5) $-2\sin x \cos x$ (6) $-3\sin x \cos^2 x$

(7) $-2\sin^2 x \cos x + \cos^3 x$ (8) $\log x + 1$ (9) $5x^4 \log x + x^4$

(10) $e^x \tan x + \dfrac{e^x}{\cos^2 x}$ あるいは, $\tan x = \dfrac{\sin x}{\cos x}$ で書き換えると,

$$e^x \frac{\sin x \cos x + 1}{\cos^2 x}$$

としてもよい.

3-7

(1) $\dfrac{-\sin^2 x - \cos^2 x}{\sin^2 x} = -\dfrac{1}{\sin^2 x}$ (2) $\dfrac{2x^3 + 3x^2}{(x+1)^2}$ (3) $-\dfrac{2\cos x}{\sin^2 x}$

(4) $\dfrac{\frac{1}{\cos^2 x}x - \tan x}{x^2}$ あるいは, $\dfrac{x - \cos x \sin x}{x^2 \cos^2 x}$ と整理してもよい.

(5) $2x + \dfrac{2}{x^3}$

第 4 章

問 4.1   p.56

(1) $\dfrac{dy}{dx} = 5x^4 + 2x^3 - 2x$, $\dfrac{d^3 y}{dx^3} = 60x^2 + 12x$, $\dfrac{d^5 y}{dx^5} = 120$

(2) $\dfrac{d\beta(x)}{dx} = 7x^6 - 10x^4 + 4x$, $\dfrac{d^4 \beta(x)}{dx^4} = 840x^3 - 240x$, $\dfrac{d^6 \beta(x)}{dx^6} = 5040x$,

$\dfrac{d^7 \beta(x)}{dx^7} = 5040$

(3) $\dfrac{d^2 z(\theta)}{d\theta^2} = -\sin\theta, \dfrac{d^4 z(\theta)}{d\theta^4} = \cos\theta$. すなわち, 三角関数 (サインとコサイン)
は 4 階微分すると己自身に戻ってくる関数である.

問 4.2   p.59

(1) $y' = -(3x^2 - 6x)\sin(x^3 - 3x^2)$ (2) $y' = -\sin x \cos(\cos x)$

(3) $y' = 5(4x - 1)(2x^2 - x + 3)^4$

問 4.3   p.60

(1) それぞれ以下である.

$$\frac{\partial z(x,y)}{\partial x} = 3x^2 y^3 - 2xy - 6x, \qquad \frac{\partial z(x,y)}{\partial y} = 3x^3 y^2 - x^2,$$

$$\frac{\partial^2 z(x,y)}{\partial x^2} = 6xy^3 - 2y - 6, \qquad \frac{\partial^2 z(x,y)}{\partial y^2} = 6x^3 y,$$

$$\frac{\partial^2 z(x,y)}{\partial x \partial y} = 9x^2 y^2 - 2x, \qquad \frac{\partial^3 z(x,y)}{\partial x^2 \partial y} = 18xy^2 - 2$$

(2) それぞれ以下である.

$$\frac{\partial z(x,y)}{\partial x} = 5x^4 y^3 - 4xy - 6x, \qquad \frac{\partial z(x,y)}{\partial y} = 3x^5 y^2 - 2x^2 + 2xy + 3y^2,$$

$$\frac{\partial^2 z(x,y)}{\partial x^2} = 20x^3 y^3 - 4y - 6, \qquad \frac{\partial^2 z(x,y)}{\partial y^2} = 6x^5 y + 2x + 6y,$$

$$\frac{\partial^2 z(x,y)}{\partial x \partial y} = 15x^4 y^2 - 4x + 2y, \qquad \frac{\partial^3 z(x,y)}{\partial x \partial y^2} = 30x^4 y + 2$$

(3) それぞれ以下である.

$$\frac{\partial z(x,y)}{\partial x} = (1+y)\cos(x+y), \qquad \frac{\partial z(x,y)}{\partial y} = (x+1)\cos(x+y),$$

$$\frac{\partial^2 z(x,y)}{\partial x^2} = -(1+y)^2 \sin(x+y), \qquad \frac{\partial^2 z(x,y)}{\partial y^2} = -(x+1)^2 \sin(x+y),$$

$$\frac{\partial^2 z(x,y)}{\partial x \partial y} = -(1+y)(x+1)\sin(x+y),$$

$$\frac{\partial^3 z(x,y)}{\partial x \partial y^2} = -(x+1)\sin(x+y) - (1+y)(x+1)^2 \cos(x+y),$$

$$\frac{\partial^3 z(x,y)}{\partial x^2 \partial y} = -(1+y)\sin(x+y) - (1+y)^2 (x+1)\cos(x+y)$$

練習問題　　p.67

4-1

(1) それぞれ以下である.

$$\frac{d^2 y(x)}{dx^2} = 20x^3 + 6x + 6x^{-4}, \qquad \frac{d^3 y(x)}{dx^3} = 60x^2 + 6 - 24x^{-5}$$

(2) それぞれ以下である.

$$\frac{d^2 f(\theta)}{d\theta^2} = 2\cos\theta - \theta\sin\theta, \qquad \frac{d^3 f(\theta)}{d\theta^3} = -3\sin\theta - \theta\cos\theta$$

(3) それぞれ以下である.

$$\frac{d^2 f(\theta)}{d\theta^2} = 2\cos\theta - 4\theta\sin\theta - \theta^2\cos\theta,$$

$$\frac{d^4 f(\theta)}{d\theta^4} = -12\cos\theta + 8\theta\sin\theta + \theta^2\cos\theta$$

(4) それぞれ以下である.

$$\frac{dy(x)}{dx} = 2x^3 - 3x^2, \qquad \frac{d^3 y(x)}{dx^3} = 12x$$

(5) $-4\sin x \cos x$

4-2

(1) $-4x\dfrac{1}{(x^2-1)^3}$　　　(2) $8(5x^4+2)(x^5+2x)^7$

(3) $(3\theta^2+2\theta+1)\cos(\theta^3+\theta^2+\theta)$　　　(4) $-\cos\theta\sin(\sin\theta)$

(5) $2\theta^{-3}\sin(\theta^{-2})$　　(6) $5\left(6z-\dfrac{1}{2}\right)\left(3z^2-\dfrac{1}{2}z\right)^4$

(7) $\sin x=\theta$ とすると，与式は，$y=\dfrac{1}{\theta}=\theta^{-1}$ である．

これより，

$$\frac{d\theta}{dx}=\cos x \text{ および，} \frac{dy}{d\theta}=-\theta^{-2}=-\frac{1}{\theta^2}$$

したがって，

$$\frac{dy}{dx}=\frac{dy}{d\theta}\frac{d\theta}{dx}=-\frac{\cos x}{\sin^2 x}$$

である．

4-3

(1) それぞれ以下となる．

$$\frac{\partial z}{\partial x}=3x^2y^3+2xy+y^3, \qquad \frac{\partial z}{\partial y}=3x^3y^2+x^2+3xy^2, \qquad \frac{\partial^2 z}{\partial x^2}=6xy^3+2y,$$

$$\frac{\partial^2 z}{\partial y^2}=6x^3y+6xy, \qquad \frac{\partial^2 z}{\partial x\partial y}=9x^2y^2+2x+3y^2$$

(2) それぞれ以下である．

$$\frac{\partial z}{\partial x}=\cos(x-y^2), \qquad \frac{\partial z}{\partial y}=-2y\cos(x-y^2), \qquad \frac{\partial^2 z}{\partial x^2}=-\sin(x-y^2),$$

$$\frac{\partial^2 z}{\partial y^2}=-2\cos(x-y^2)-4y^2\sin(x-y^2), \qquad \frac{\partial^2 z}{\partial x\partial y}=2y\sin(x-y^2)$$

(3) それぞれ以下である．

$$\frac{\partial f(x,y,z)}{\partial x}=y+z, \qquad \frac{\partial f(x,y,z)}{\partial y}=x+z, \qquad \frac{\partial f(x,y,z)}{\partial z}=y+x,$$

$$\frac{\partial^2 f(x,y,z)}{\partial x\partial y}=1+z, \qquad \frac{\partial^2 f(x,y,z)}{\partial y\partial z}=1+x, \qquad \frac{\partial^2 f(x,y,z)}{\partial z\partial x}=1+y$$

4-4

(1) それぞれ以下である．

$$\frac{\partial z}{\partial x}=(y+2x)\cos(xy+x^2), \qquad \frac{\partial z}{\partial y}=x\cos(xy+x^2),$$

$$\frac{\partial^2 z}{\partial x\partial y}=\cos(xy+x^2)-(2x^2+xy)\sin(xy+x^2)$$

(2) それぞれ以下である．

$$\frac{\partial z}{\partial x}=5(x^2y^2-xy)^4(2xy^2-y), \qquad \frac{\partial z}{\partial y}=5xy(x^2y^2-xy)^4(2x^2y-x),$$

$$\frac{\partial^2 z}{\partial x \partial y} = 5xy(x^2y^2 - xy)^3(20x^2y^2 - 21xy + 5)$$

(3) $\dfrac{\partial z}{\partial x} = \dfrac{-3}{x^2 y}, \quad \dfrac{\partial z}{\partial y} = \dfrac{-3}{xy^2}, \quad \dfrac{\partial^2 z}{\partial x \partial y} = \dfrac{3}{x^2 y^2}$

4-5

(1) $\cos x = 1 - \dfrac{1}{2!}x^2 + \dfrac{1}{4!}x^4 - \dfrac{1}{6!}x^6 + \dfrac{1}{8!}x^8 - \cdots$

(2) $\cos x = -\left(x - \dfrac{\pi}{2}\right) + \dfrac{1}{3!}\left(x - \dfrac{\pi}{2}\right)^3 - \dfrac{1}{5!}\left(x - \dfrac{\pi}{2}\right)^5 + \dfrac{1}{7!}\left(x - \dfrac{\pi}{2}\right)^7$
$\qquad -\dfrac{1}{9!}\left(x - \dfrac{\pi}{2}\right)^9 + \cdots$

4-6

(1) $\sin x = x - \dfrac{1}{3!}x^3 + \dfrac{1}{5!}x^5 - \dfrac{1}{7!}x^7 + \dfrac{1}{9!}x^9 - \cdots$

$\quad\ \ \cos x = 1 - \dfrac{1}{2!}x^2 + \dfrac{1}{4!}x^4 - \dfrac{1}{6!}x^6 + \dfrac{1}{8!}x^8 - \cdots$

(2) $e^x = 1 + x + \dfrac{1}{2!}x^2 + \dfrac{1}{3!}x^3 + \dfrac{1}{4!}x^4 + \cdots$

(3) $e^{ix} = 1 + ix - \dfrac{1}{2!}x^2 - i\dfrac{1}{3!}x^3 + \dfrac{1}{4!}x^4 + i\dfrac{1}{5!}x^5 - \dfrac{1}{6!}x^6 - i\dfrac{1}{7!}x^7 + \cdots$

これを実部と虚部にわけると,

$$e^{ix} = \left(1 - \dfrac{1}{2!}x^2 + \dfrac{1}{4!}x^4 - \dfrac{1}{6!}x^6 + \dfrac{1}{8!}x^8 - \cdots\right)$$
$$+i\left(x - \dfrac{1}{3!}x^3 + \dfrac{1}{5!}x^5 - \dfrac{1}{7!}x^7 + \dfrac{1}{9!}x^9 - \cdots\right)$$

である.

(4) (3) より,(実部) $= \cos x$,(虚部) $= \sin x$ なので,$e^{ix} = \cos x + i \sin x$ である.

4-7

$e^{i\alpha}e^{i\beta} = e^{i(\alpha+\beta)}$ なので,$(\cos\alpha + i\sin\alpha)(\cos\beta + i\sin\beta) = \cos(\alpha+\beta) + i\sin(\alpha+\beta)$ である.左辺を計算して実数部と虚数部に分けると,

$\cos\alpha\cos\beta - \sin\alpha\sin\beta + i(\cos\alpha\sin\beta + \sin\alpha\cos\beta) = \cos(\alpha+\beta) + i\sin(\alpha+\beta)$

すなわち,

$$\cos(\alpha + \beta) = \cos\alpha\cos\beta - \sin\alpha\sin\beta$$

$$\sin(\alpha + \beta) = \cos\alpha\sin\beta + \sin\alpha\cos\beta$$

である.

4-8

$$_n\mathrm{C}_r + {_n}\mathrm{C}_{r-1} = \frac{n!}{r!(n-r)!} + \frac{n!}{(r-1)!(n-r+1)!}$$
$$= \frac{(n+1)!}{r!(n+1-r)!}$$
$$= {_{n+1}}\mathrm{C}_r$$

である．これを元にすると，パスカル三角形を得る（図は p.67 図 4.3 を参照）．

4-9

$(e^x)' = e^x$ なら $(e^{\alpha x})' = \alpha e^{\alpha x}$ である．いま，$a^x = e^{\log a^x} = e^{x \log a}$ なので，$(a^x)' = \log a \cdot e^{x \log a} = a^x \log a$ である．あるいは，$y = a^x$ は $\log_a y = x$ なので，$x = \dfrac{\log y}{\log a}$ である．よって，$\dfrac{dx}{dy} = \dfrac{1}{y \log a}$，つまり，$\dfrac{dy}{dx} = a^x \log a$ である．

第 5 章

問 5.1　　p.81

(1) $\dfrac{1}{6}x^6 + \dfrac{1}{2}x^4 + C$　　　(2) $-\dfrac{3}{4}x^{-4} + \dfrac{1}{3}x^3 - \dfrac{5}{2}x^2 + C$　　　(3) $\dfrac{1}{3}x^3 - x + C$

(4) $\dfrac{1}{4}x^4 + \dfrac{1}{2}x^2 + 5x + C$　　　(5) $\dfrac{1}{7}x^7 + \dfrac{4}{x} + x + C$　　　(6) $\dfrac{1}{4}x^4 + x^3 + x^2 + C$

練習問題　　p.89

5-1

積の微分公式は，$\dfrac{d\{f(x)g(x)\}}{dx} = f'(x)g(x) + f(x)g'(x)$ と書ける．したがって，

$$\int d\{f(x)g(x)\} = \int f'(x)g(x)\,dx + \int f(x)g'(x)\,dx$$

すなわち，$f(x)g(x) = \displaystyle\int f'(x)g(x)\,dx + \int f(x)g'(x)\,dx$ なので，部分積分の公式

$$\int f'(x)g(x)\,dx = f(x)g(x) - \int f(x)g'(x)\,dx$$

である．

5-2

(1) $\displaystyle\int dy = \int (x^3 + 3x^2 - x)\,dx$ なので，

$$y(x) = \frac{1}{4}x^4 + x^3 - \frac{1}{2}x^2 + C \quad (C \text{ は積分定数})$$

(2) $\displaystyle\int dy = \int \left(5x^4 - \frac{1}{2}x^3 + \frac{1}{x^2}\right) dx$ なので，

$$y(x) = x^5 - \frac{1}{8}x^4 - \frac{1}{x} + C \quad (C \text{ は積分定数})$$

(3) 与えられた微分方程式を解くと，$y(x) = x^3 - x^2 + C$ なので，$y(1) = C = 1$ となり，$y(x) = x^3 - x^2 + 1$ である．

(4) $y(x) = \displaystyle\int x \cos x\,dx$ である．部分積分の公式より，$\displaystyle\int x \cos x\,dx = x \sin x -$

$\displaystyle \int \sin x\,dx$ なので $\displaystyle \int x \cos x\,dx = x \sin x + \cos x + C$ （C は積分定数）である．なお，これは，本文の例題 5.1, p.82 と同じである．

(5) 部分積分の公式より，$\displaystyle \int x^2 \sin x\,dx = -x^2 \cos x + 2 \int x \cos x\,dx$, (4) の結果を使えば，

$$\int x^2 \sin x\,dx = -2x \sin x + 2 \cos x - x^2 \cos x + C \quad （C は積分定数）$$

である．

5-3

(1) 実際に公式に入れよ．

(2) $(\sin^2 x)' = 2 \sin x \cos x$, これを積分すると，

$$\int \sin x \cos x\,dx = \frac{1}{2} \sin^2 x + C \quad （C は積分定数）$$

(3) $(\cos^2 x)' = -2 \sin x \cos x$, これを積分すると，

$$\int \sin x \cos x\,dx = -\frac{1}{2} \cos^2 x + C \quad （C は積分定数）$$

5-4

(1) 実際に公式に入れよ．

(2) $(\sin x \cos x)' = \cos^2 x - \sin^2 x$ （あるいは，この段階で $= 2 \cos^2 x - 1$, としても同じ），これを積分すると，$\displaystyle \sin x \cos x = \int \cos^2 x\,dx - \int \sin^2 x\,dx$, であり，$\displaystyle \int \sin^2 x\,dx = \int (1 - \cos^2 x)\,dx$ で右辺の 2 項目を書き換えると，

$$\int \cos^2 x\,dx = \frac{1}{2} \sin x \cos x + \frac{1}{2} x + C \quad （C は積分定数）$$

である．

(3) (2) で $\displaystyle \sin x \cos x = \int (1 - \sin^2 x)\,dx - \int \sin^2 x\,dx$ とすると，

$$\int \sin^2 x\,dx = \frac{1}{2} x - \frac{1}{2} \sin x \cos x + C$$

である．

5-5

$x \sin x$ を微分すると，$(x \sin x)' = \sin x + x \cos x$ である．したがって，$\displaystyle x \sin x = \int \sin x\,dx + \int x \cos x\,dx$ となり，

$$\int x \cos x \, dx = x \sin x - \int \sin x \, dx = x \sin x + \cos x + C$$

である（C は積分定数）.

同様に，$x \cos x$ を微分すると，$(x \cos x)' = \cos x - x \sin x$ なので，

$$\int x \sin x \, dx = x \cos x + \int \cos x \, dx = x \cos x + \sin x + C$$

である（C は積分定数）.

また，$(x^2 \cos x)' = 2x \cos x - x^2 \sin x$ なので，$\int x^2 \sin x \, dx = 2 \int x \cos x \, dx - x^2 \cos x$ となり，上記より，$\int x^2 \sin x \, dx = 2(x \sin x + \cos x) - x^2 \cos x + C$（$C$ は積分定数）.

同様に，$(x^2 \sin x)' = 2x \sin x + x^2 \cos x$ なので，$\int x^2 \cos x \, dx = x^2 \sin x - 2 \int x \sin x \, dx$ となり，これもまた上記より，$\int x^2 \cos x \, dx = x^2 \sin x - 2(x \cos x + \sin x) + C$（$C$ は積分定数）である. ——それぞれ，右辺を微分するとインテグラルの中の数式になることを確認するとよい.

5-6

(1)　$(x \log x)' = \log x + 1$

(2)　(1) より $x \log x = \int \log x \, dx + \int dx$. したがって, $\int \log x \, dx = x \log x - x + C$ である（C は積分定数）.

5-7

(1)　$(e^x \cos x)' = e^x \cos x - e^x \sin x$

(2)　(1) より, $e^x \cos x = \int e^x \cos x \, dx - \int e^x \sin x \, dx$. である. $\int e^x \sin x \, dx$ も (1) と同じ発想で, $(e^x \sin x)' = e^x \sin x + e^x \cos x$ より $e^x \sin x = \int e^x \sin x \, dx + \int e^x \cos x \, dx$. である. すなわち, $\int e^x \cos x \, dx = \alpha$, $\int e^x \sin x \, dx = \beta$ とすると, 連立方程式 $\begin{cases} e^x \cos x = \alpha - \beta \\ e^x \sin x = \alpha + \beta \end{cases}$ を解けばよいことになる. つまり,

$$\int e^x \cos x \, dx = \frac{1}{2}(e^x \cos x + e^x \sin x) + C_\alpha$$

$$\int e^x \sin x \, dx = \frac{1}{2}(e^x \sin x - e^x \cos x) + C_\beta$$

と一気に 2 つを導出することになった（C_α, C_β はいずれも積分定数）.

第6章

問 6.1 p.98

求めるリーマン和は，$x = \alpha$ から $x = \beta$ までを n 個に分けたとすると，

$$s = y(\alpha)h + y(\alpha + h)h + + y(\alpha + 2h)h + \cdots + y(\alpha + (n-1)h)h$$

と表される．定値関数なので $y(\alpha) = y(\alpha + h) = y(\alpha + 2h) = \cdots = k$ である（何を入れても k である）．したがって，

$$s = kh + kh + kh + \cdots + kh = nkh$$

である（kh を n 個加算することになる）．また，幅 h の短冊状の微小面積が $x = \alpha$ から $x = \beta$ まで n 個あるということは，$n = \dfrac{\beta - \alpha}{h}$ なので，短冊状の微小面積を足し合わせたものは，

$$s = \frac{\beta - \alpha}{h}kh = k(\beta - \alpha)$$

となって，この場合は，極限をとる前に（極限をとる必要がなく）該当する全体の面積が導出されてしまい，

$$S = k(\beta - \alpha)$$

となる．そして，これは，$\displaystyle\int_{\alpha}^{\beta} k \, dx = [kx]_{\alpha}^{\beta} = k\beta - k\alpha$ と同じである．──この場合に極限をとる必要がないことは考えてみれば当たり前のことである．

問 6.2 p.98

(1) $\displaystyle S = \int_{-1}^{3} (x^2 + 5)\, dx = \left[\frac{1}{3}x^2 + 5x\right]_{-1}^{3} = (9 + 15) - \left(-\frac{1}{3} - 5\right) = \frac{88}{3}$

(2) $\displaystyle S = \int_{0}^{2} x^3 \, dx = \left[\frac{1}{4}x^4\right]_{0}^{2} = 4$

(3) $x = -2$ から $x = 0$ までは x 軸より下になり面積は負となるので

$$S = \int_{-2}^{2} |x^3| \, dx = -\int_{-2}^{0} x^3 \, dx + \int_{0}^{2} x^3 \, dx = -\left[\frac{1}{4}x^4\right]_{-2}^{0} + \left[\frac{1}{4}x^4\right]_{0}^{2} = 8$$

また，グラフが y 軸に関して対称となることを考慮すると (3) の結果より即座に 8 となる．

(4) グラフは，$-2 \leqq x \leqq -1$ と $1 \leqq x \leqq 2$ で x 軸より下に現れるので，面積は負となり，$-1 \leqq x \leqq 1$ では x 軸より上に現れるので面積は正となる．したがって

$$S = \int_{-2}^{2} \left|-x^2 + 1\right| dx$$

$$= -\int_{-2}^{-1} (-x^2 + 1)\, dx + \int_{-1}^{1} (-x^2 + 1)\, dx - \int_{-2}^{-1} (-x^2 + 1)\, dx = 4$$

である．

なお，この場合もグラフが y 軸に関して対称であることを考慮して

$$S = \int_{-2}^{2} \left| -x^2 + 1 \right| dx = 2\int_{-2}^{0} \left| -x^2 + 1 \right| dx$$

$$= 2\left\{ -\int_{-2}^{-1} (-x^2 + 1)\, dx + \int_{-1}^{0} (-x^2 + 1)\, dx \right\} = 4$$

とすると計算が簡単になる．

(5)　$S = \displaystyle\int_{0}^{2} (x^4 - 4x + 4)\, dx = \left[\dfrac{1}{3}x^3 - 2x^2 + 4x \right]_{0}^{2} = \dfrac{8}{3}$

問 6.3　　p.101

(1)　$V = \pi\displaystyle\int_{0}^{2} (x^2 + 1)^2\, dx = \pi\int_{0}^{2} (x^4 + 2x^2 + 1)\, dx = \pi\left[\dfrac{1}{5}x^5 + \dfrac{2}{3}x^3 + x \right]_{0}^{2}$

　　　$= \dfrac{201}{15}\pi$

(2)　$V = \pi\displaystyle\int_{-1}^{2} (x^3 + 1)^2\, dx = \pi\int_{-1}^{2} (x^6 + 2x^3 + 1)\, dx = \pi\left[\dfrac{1}{7}x^7 + \dfrac{1}{2}x^4 + x \right]_{-1}^{2}$

　　　$= \dfrac{405}{14}\pi$

(3)　グラフが y 軸に関して対称であることを利用しよう．すなわち

$$V = \pi\int_{-2}^{2} (-x^2 + 4)^2\, dx = 2\pi\int_{0}^{2} (x^4 - 8x^2 + 16)\, dx$$

$$= 2\pi\left[\dfrac{1}{5}x^5 - \dfrac{8}{3}x^3 + 16x \right]_{0}^{2} = \dfrac{512}{15}\pi$$

練習問題　　p.104

6-1

(1)

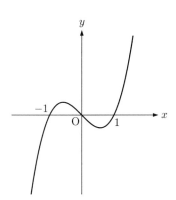

(2)　行うべき定積分は，

$$\int_{-1}^{0} (x^3 - x)\,dx + \left| \int_{0}^{1} (x^3 - x)\,dx \right|$$

となり，

$$\left[\frac{1}{4}x^4 - \frac{1}{2}x^2 \right]_{-1}^{0} + \left| \left[\frac{1}{4}x^4 - \frac{1}{2}x^2 \right]_{0}^{1} \right| = \frac{1}{4} + \left| -\frac{1}{4} \right| = \frac{1}{2}$$

である．

(3)　絶対値を付けずに積分すると 0 となる．

(4)　図は，原点対称なので，$-1\sim0$（あるいは $0\sim1$）の間の面積を積分して求め，それを 2 倍すればよいことになる．

6-2

　グラフを描いてみると，右図のようになるので，$x^3 - x + 3 = 2x + 5$ より，$(x+1)^2(x-2) = 0$ となって，交点の x 座標は，$x = -1, 2$ で，面積は，

$$S = \int_{-1}^{2} [(2x + 5) - (x^3 - x + 3)]\,dx = \frac{27}{4}$$

である．

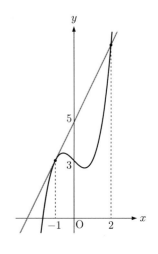

6-3

　グラフを描いてみると，右図のようになる．交点の x 座標は，$x = -1, 0$ なので，

$$S = \int_{-1}^{0} (-x^2 - x)\,dx = \frac{1}{6}$$

である．

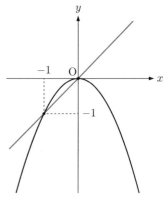

6-4

グラフを描いてみると，右図のようになる．
すなわち，面積は，

$$S = \int_{-2}^{0} (x^3 + x^2 - 2x)\,dx$$

$$+ \left| \int_{0}^{1} (x^3 + x^2 - 2x)\,dx \right|$$

$$= \frac{37}{12}$$

である．

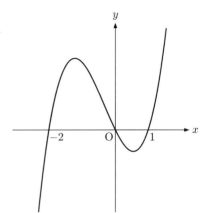

6-5

(1)　体積は，$V = \pi \int_{0}^{3} \left(\frac{1}{3}x + 3 \right)^2 dx$ を求めればよい．よって，37π である．

(2)　体積は，$V = \pi \int_{-1}^{2} (x^2 + 1)^2 dx$ を求めればよい．よって，$\dfrac{78}{5}\pi$ である．

6-6

(1)　$\displaystyle \int_{c}^{T} (t^5 + t^3)\,dt = \left[\frac{1}{6}t^6 + \frac{1}{4}t^4 \right]_{c}^{T} = \frac{1}{6}T^6 + \frac{1}{4}T^4 + \left(\frac{1}{6}c^6 + \frac{1}{4}c^4 \right)$ である．ここで，$C = \dfrac{1}{6}c^6 + \dfrac{1}{4}c^4$ として新しく積分定数を置くと，$G(T) = \dfrac{1}{6}T^6 + \dfrac{1}{4}T^4 + C$ である．

(2)　$G'(T) = T^5 + T^3$

(3)　(2) までの結果から，一般的に，$G(T) = \displaystyle \int_{c}^{T} g(t)\,dt$ を T で微分すると，$g(T)$ となると推測される．なお，これは積分と微分の論理的関係からしても妥当かつ明らかである．

6-7

(1)　図より，二等辺三角形の右半分の直角三角形の d と l は，$d = R\sin\theta, l = R\cos\theta$ である．すなわち，直角三角形の面積は，$\dfrac{1}{2}dl = \dfrac{1}{2}R^2 \sin\theta \cos\theta$ である．したがって，考えている二等辺三角形の面積 s は，$s = R^2 \sin\theta \cos\theta$ である．

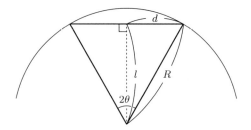

(2)　(1)で求めた二等辺三角形が全円にわたって内接していて n 個あるのだから単純に n 倍するだけでよくて，$s_n = nR^2 \sin\theta\cos\theta$ である．

(3)　二等辺三角形の頂点の角度を 2θ ととったことに注意すると，$2\theta \cdot n = 2\pi$ だから，$n = \dfrac{\pi}{\theta}$ であり，(2)の結果を書き換えて $s_\theta = \pi R^2 \dfrac{1}{\theta}\sin\theta\cos\theta$ である．ここで，二等辺三角形の頂点の角度をどんどん小さくしてゆくと（これは，$n \to \infty$，つまり，二等辺三角形の数を無限に増やしてゆくことに相当する），この二等辺三角形の面積の和が半径 R の円の面積に漸近してゆくはずだから（正 n 角形が円に漸近してゆくはずだから），$\theta \to 0$ の極限をとる．すると，円の面積 S は，

$$S = \lim_{\theta \to 0} \pi R^2 \frac{\sin\theta}{\theta}\cos\theta$$

となるはずである．まず，$\lim\limits_{\theta \to 0}\cos\theta = 1$ はすぐに了解できるであろう．では，$\lim\limits_{\theta \to 0}\dfrac{\sin\theta}{\theta}$ に関してはインターリュード II より $\lim\limits_{\theta \to 0}\dfrac{\sin\theta}{\theta} = 1$ なので，

$$S = \lim_{\theta \to 0} \pi R^2 \frac{\sin\theta}{\theta}\cos\theta = \pi R^2$$

である．

　ところで，同様の論法で円周の長さが $2\pi R$ となることも確認できるので示しておこう．こちらの方が簡単である．

　まず，二等辺三角形の底辺の長さは，$2d = 2R\sin\theta$ である．これが n 個あるのだから，半径 R の円に内接する正 n 角形の辺の長さは，$2nR\sin\theta = 2\dfrac{\pi}{\theta}R\sin\theta$ であり，これもまた，$\theta \to 0$ の極限をとれば，円周の長さ $2\pi R$ となる．

　ちなみに，関孝和は，この方法で（これと同じ発想で）円周率 π を近似している．すなわち，π を未知数とすると，$\pi =$（円周の長さ）$\div$（直径）なので，円周の長さを上記のように二等辺三角形の底辺の和で近似してゆけば π が近似的に求められるのである．

第 7 章

練習問題　　p.115

7-1

以下，積分定数を C とした.

(1) $\dfrac{1}{3}\sin(3x-5)+C$ 　　(2) $\dfrac{1}{22}(2x+5)^{11}+C$

(3) $\dfrac{1}{255}(5x+7)^{51}+C$ 　　(4) $-\dfrac{1}{5}\cos(5x+6)+C$

7-2

以下，積分定数を C とした.

(1) 示されたように変数変換すると，
$$\int t^2\,dt=\frac{1}{3}t^3+C\to\frac{1}{3}(2x+1)^{3/2}+C$$

(2) 示されたように変数変換すると，
$$-\int \theta^{-1/2}\,d\theta=-2\theta^{1/2}+C\to-2(1-x)^{1/2}+C$$

(3) 示されたように変数変換すると，
$$2\int(s^4-s^2)\,ds=\frac{2}{5}s^5-\frac{2}{3}s^3+C\to\frac{2}{5}(x+1)^{5/2}-\frac{2}{3}(x+1)^{3/2}+C$$

(4) 示されたように変数変換すると，
$$\int(2y^4-4y^2)\,dy=\frac{2}{5}y^5-\frac{4}{3}y^3+C\to\frac{2}{5}(3-x)^{5/2}-\frac{4}{3}(3-x)^{3/2}+C$$

7-3

示されたように変数変換すると，$\displaystyle\int d\theta=\theta+C\to\sin^{-1}x+C=\arcsin x+C.$
（積分定数を C とした.）

7-4

(1) ① まず x について積分し，次に y なのだから，これを露わに書くと，
$$\int(y^2-2y^3)\left[\int\sin x\,dx\right]dy$$
なので，つまり，$\displaystyle\int(y^2-2y^3)\left[\int\sin x\,dx\right]dy=\int(y^2-2y^3)(C_1-\cos x)dy$ となり，次の段階で y について積分する. すると，
$$\int(y^2-2y^3)(C_1-\cos x)dy=(C_1-\cos x)\left(\frac{1}{3}y^3-\frac{1}{2}y^4+C_2\right)$$
$$=\left(\frac{1}{3}y^3-\frac{1}{2}y^4\right)C_1-\cos x\left(\frac{1}{3}y^3-\frac{1}{2}y^4\right)-C_2\cos x+C_1C_2$$
となる.

② 次に指示通り $y \to x$ の順番で積分を行う．これもまた露わに書くと，

$$\int \sin x \left[\int (y^2 - 2y^3) dy \right] dx$$

なので，つまり，

$$\int \sin x \left[\int (y^2 - 2y^3) dy \right] dx = \left(\frac{1}{3} y^3 - \frac{1}{2} y^4 + C_3 \right) \int \sin x \, dx$$

となり，次に x について積分する．すると，

$$\left(\frac{1}{3} y^3 - \frac{1}{2} y^4 + C_3 \right) \int \sin x \, dx = \left(\frac{1}{3} y^3 - \frac{1}{2} y^4 + C_3 \right) (C_4 - \cos x)$$

$$= \left(\frac{1}{3} y^3 - \frac{1}{2} y^4 \right) C_4 - \cos x \left(\frac{1}{3} y^3 - \frac{1}{2} y^4 \right) - C_3 \cos x + C_3 C_4$$

③ ここで，積分定数はどのようにでも取れるのだから，$C_1 = C_4$, $C_2 = C_3$ とすれば，①と②の結果が同等であることがわかる．

(2) $x \to y \to z$ の順番で積分してみる．つまり，$\displaystyle\int \left\{ \int \left[\int \cos(x + y + z) \, dx \right] dy \right\} dz$ とする．すると，

$$\int \left\{ \int [\sin(x + y + z) + C_x] \, dy \right\} dz = \int [C_y + C_x y - \cos(x + y + z)] \, dz$$

$$= C_z + C_y z + C_x y z - \sin(x + y + z)$$

となる．C_x, C_y, C_z はそれぞれ積分定数である．

この場合は明らかに積分の順番によって結果が変わってくる．

$y \to z \to x$ の順番だと，$C_x + C_z x + C_y z x - \sin(x + y + z)$
$y \to x \to z$ の順番だと，$C_z + C_x z + C_y x z - \sin(x + y + z)$
$z \to x \to y$ の順番だと，$C_y + C_x y + C_z x y - \sin(x + y + z)$
$z \to y \to x$ の順番だと，$C_x + C_y x + C_z y x - \sin(x + y + z)$
$x \to z \to y$ の順番だと，$C_y + C_z y + C_x z y - \sin(x + y + z)$

である．

7-5

(1) 括弧の中に括弧が入って・・・，といった状態になって見にくくなるために，内側の計算から独立に行うこととする．まずが x についての積分で，

$$\int_0^2 (x^2 + y^2) \, dx = \left[\frac{1}{3} x^3 + y^2 x \right]_0^2 = \frac{8}{3} + 2y^2$$

次にこれを y について積分して，

$$\int_{-1}^1 \left(\frac{8}{3} + 2y^2 \right) dy = \left[\frac{8}{3} y + \frac{2}{3} y^3 \right]_{-1}^1 = \frac{20}{3}$$

となる．

(2) これも見にくくなるためにそれぞれ独立に記して積分を行おう. まずは z について積分で,

$$\int_0^y x^3 y^2 z \, dz = \left[\frac{1}{2} x^3 y^2 z^2\right] = \frac{1}{2} x^3 y^4$$

次にこれを y について積分して,

$$\int_0^x \frac{1}{2} x^3 y^4 \, dy = \left[\frac{1}{10} x^3 y^5\right] = \frac{1}{10} x^8$$

最後にこれを x について積分して,

$$\int_0^a \frac{1}{10} x^8 \, dx = \left[\frac{1}{90} x^9\right]_0^a = \frac{1}{90} a^9$$

となる.

(3) 本文中で $a = 1$ として見ればよいので詳細は省略する. 復習のため, ここでもう一度, 本文の数式展開を自身の手で展開できるようにしておくとよい.

7-6

(1) $S = \displaystyle\int_0^{2\pi} \int_0^R r \, dr d\theta = 2\pi \int_0^R r \, dr = 2\pi \left[\frac{1}{2} r^2\right]_0^R = \pi R^2$

(2)

$$V = \int_0^{2\pi} \int_0^{\pi} \int_0^R r^2 \sin\theta \, dr d\theta d\phi = 2\pi \int_0^{\pi} \int_0^R r^2 \sin\theta \, dr d\theta$$

$$= 2\pi \int_0^{\pi} \left[\int_0^R r^2 \, dr\right] \sin\theta \, d\theta = 2\pi \int_0^{\pi} \frac{1}{3} R^3 \sin\theta \, d\theta$$

$$= \frac{2}{3}\pi R^3 \int_0^{\pi} \sin\theta \, d\theta = \frac{2}{3}\pi R^3 \left[-\cos\theta\right]_0^{\pi} = \frac{4}{3}\pi R^3$$

(3) 問題に書かれている通りに $r = R$ を定数とすると,

$$R^2 \int_0^{2\pi} \int_0^{\pi} \sin\theta \, d\theta d\phi = 2\pi R^2 \int_0^{\pi} \sin\theta \, d\theta = 4\pi R^2$$

インターリュード—≪間奏曲≫— Ⅱ

問 Ⅱ.1　　p.119

(1) $\sin(x + h) - \sin x = 2\cos\dfrac{2x + h}{2} \sin\dfrac{h}{2}$ なので,

$$(\sin x)' = \lim_{h \to 0} \frac{\sin(x + h) - \sin x}{h} = \lim_{h \to 0} \frac{2\cos\dfrac{2x + h}{2} \sin\dfrac{h}{2}}{h}$$

$$= \lim_{h \to 0} \frac{\cos\dfrac{2x + h}{2} \sin\dfrac{h}{2}}{\dfrac{h}{2}}$$

ここで, $\displaystyle\lim_{h \to 0} \frac{\sin \dfrac{h}{2}}{\dfrac{h}{2}} = 1$ であることに注意すると, 与式は確かに $\cos x$ へと収束

する. つまり, $(\sin x)' = \cos x$ である.

(2) $\cos(x + h) - \cos x = -2 \sin \dfrac{2x + h}{2} \sin \dfrac{h}{2}$ なので,

$$(\cos x)' = \lim_{h \to 0} \frac{\cos(x + h) - \cos x}{h} = \lim_{h \to 0} \frac{-2 \sin \dfrac{2x + h}{2} \sin \dfrac{h}{2}}{h}$$

$$= \lim_{h \to 0} \frac{- \sin \dfrac{2x + h}{2} \sin \dfrac{h}{2}}{\dfrac{h}{2}}$$

ここで, $\displaystyle\lim_{h \to 0} \frac{\sin \dfrac{h}{2}}{\dfrac{h}{2}} = 1$ なので, $(\cos x)' = -\sin x$ である.

問 II.2   p.126

大括弧の中の第 1 項は, $f'(x)$ となり, 第 2 項からは以下のようになる.

$$\left\{ \frac{f'(x)}{1!}(b - x) \right\}' = \frac{f''(x)}{1!}(b - x) - f'(x)$$

$$\left\{ \frac{f''(x)}{2!}(b - x)^2 \right\}' = \frac{f'''(x)}{2!}(b - x)^2 - \frac{f''(x)}{1!}(b - x)$$

$$\left\{ \frac{f'''(x)}{3!}(b - x)^3 \right\}' = \frac{f^{(4)}(x)}{3!}(b - x)^3 - \frac{f'''(x)}{2!}(b - x)^2$$

となってゆくので, 確かに,

$$F'(x) = - \frac{f^{(n)}(x)}{(n - 1)!}(b - x)^{n-1} + nK(b - x)^{n-1}$$

である.

第 8 章

8-1

(1) 因数分解すると, $y = -(x-5)(x+1)$ なの
で, x 軸との交点は, $x = -1, 5$ で, グラフは
右のようになる. したがって, 最大値は, 導関
数 $y' = -2x + 4 = 0$ となるときの $x = 2$ で,
$y(2) = 9$ である. 最小値は, 図より, $y(-1) = 0$
である.

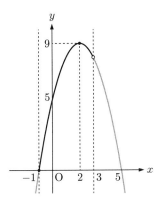

(2) 与式を因数分解すると, $y = (8x+1)(x-2)^2$ なの
で, グラフは右のようになる. 範囲は, $-1 \leqq x < 3$
なので, 両端は, $y(-1) = 0, y(3) = 4$ となる.
頂点の x 座標が, 導関数が, $y' = 3x^2 - 6x$ な
ので, $x = 0, 2$ で, それぞれ関数の値は $y(0) =$
$4, y(2) = 0$ である. したがって, 最大値と最小値
は, $x = -1, 2$ のときに $y = 0$, 最大値は, $x = 0$
で $y = 4$ である.

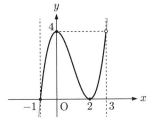

8-2

グラフは右のようになる. 極値は, 導
関数が $f'(x) = 12x^3 + 12x^2 - 48x - 48$
なので, これを 0 とする x は, $x =$
$-2, -1, 2$ で, それぞれ $f(-2) = 16$,
$f(-1) = 23, f(2) = -112$ である. 定
義域の両端の値は, それぞれ $f(-3) =$
$63, f(3) = -9$ なので, これらより, 最
大値は $f(-3) = 63$, 最小値は $f(2) =$
-112 である.

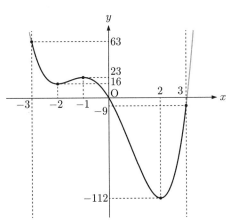

8-3

内接する長方形の面積は, $x-a$ で内接させると, $0<a<3$ として $S(a)=-2a^3+18a$ となる. したがって, 導関数は, $S'(a)=-6a^2+18$ となり, 極値は, $a=\pm\sqrt{3}$ のときである. グラフの形状から, $x=a=\sqrt{3}$ のときに最大値だから, $S(\sqrt{3})=12\sqrt{3}$ で最大である.

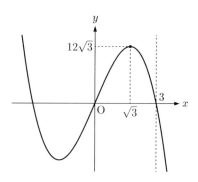

8-4

① (1) 本問は, 効用関数 $Z(x,y)=xy$ を $100x+200y=10000 \to x+2y=100$ の制限の元で最大化する問題である. 変数をひとつ減らして, $Z(y)=y(100-2y)$ の最大値を考えよう.

すると, 導関数が, $Z'(y)=-4y+100$ なので, $y=25$ で極値となる. このとき $x=50$ なので, 最大値は $Z_{\max}(50,25)=1250$ である.

(2) 効用関数を $Z(x,y)=\sqrt{xy}$ としてみよう. この場合も, 変数をひとつ削減して, $Z(x)=\sqrt{x\left(50-\dfrac{1}{2}x\right)}$ としてみる (今度はあえて y を消してみた).

すると, 導関数は, $Z'(x)=\dfrac{50-x}{2\left(50x-\frac{1}{2}x^2\right)^{1/2}}$ なので, $x=50$ が極値である. このとき $y=25$ なので, 最大値は $Z_{\max}(50,25)=\sqrt{1250}=25\sqrt{2}$ である. (すなわち, 購入の個数は変化しないのである.)

② ラグランジュの未定乗数法を用いると (1) の場合のラグラジアンは, $L(x,y\,;\lambda)=xy-\lambda(x+2y-100)$ である. したがって,

$$\frac{\partial L(x,y\,;\lambda)}{\partial x}=y-\lambda=0$$

$$\frac{\partial L(x,y\,;\lambda)}{\partial y}=x-2\lambda=0$$

$$\frac{\partial L(x,y\,;\lambda)}{\partial \lambda}=x+2y-100=0$$

である. これより, $x=50, y=25$ が導出されて, 最大値は $Z_{\max}(50,25)=1250$ となる.

同様のことを (2) の場合についても行おう.

すると, ラグラジアンは, $L(x,y\,;\lambda)=\sqrt{xy}-\lambda(x+2y-100)$ なので,

$$\frac{\partial L(x,y\,;\lambda)}{\partial x}=\frac{1}{2}\sqrt{\frac{y}{x}}-\lambda=0$$

$$\frac{\partial L(x,y\,;\lambda)}{\partial y}=\frac{1}{2}\sqrt{\frac{x}{y}}-2\lambda=0$$

$$\frac{\partial L(x,y\,;\lambda)}{\partial \lambda} = x + 2y - 100 = 0$$

である．これより，やはり $x = 50, y = 25$ が導出されて，最大値は，$Z_{\max}(50, 25) = \sqrt{1250} = 25\sqrt{2}$ となる．

8-5

やはり，変数をひとつ少なくしよう．すると，$Z(x) = 7x^2 - 60x + 288$ であり，導関数は，$Z'(x) = 14x - 60$ より，極値となるのは，$x = \dfrac{30}{7} \simeq 4.285\cdots$ である．x, y は自然数のはずなので，$x = 5, y = 7$ で最大となるはずである（$x = \dfrac{30}{7} \simeq 4.285\cdots$ ということは，4 より大きい個数であることを示している）．すなわち，最大値は $Z_{\max}(5, 7) = 163$ である．

ちなみに，$x = 4, y = 8$ なら $Z(4, 8) = 160$ となり最大ではない．

同様のことをラグランジュの未定乗数法を用いて行ってみよう．すると，ラグランジアンは，$L(x, y\,;\lambda) = 4x^2 - xy + 2y^2 + \lambda(x + y - 12)$ なので，

$$\frac{\partial L(x,y\,;\lambda)}{\partial x} = 8x - y + \lambda = 0$$

$$\frac{\partial L(x,y\,;\lambda)}{\partial y} = -x + 4y + \lambda = 0$$

$$\frac{\partial L(x,y\,;\lambda)}{\partial \lambda} = x + y - 12 = 0$$

したがって，$x = \dfrac{30}{7}, y = \dfrac{54}{7}$ となって，以下は上記と同様である．

8-6

ラグラジアンを $L(x, y\,;\lambda) = 4xy - \lambda\left(\dfrac{x^2}{a^2} + \dfrac{y^2}{b^2} - 1\right)$ とすると，

$$\frac{\partial L(x,y\,;\lambda)}{\partial x} = 4y - 2\lambda\frac{x}{a^2} = 0$$

$$\frac{\partial L(x,y\,;\lambda)}{\partial y} = 4x - 2\lambda\frac{y}{b^2} = 0$$

$$\frac{\partial L(x,y\,;\lambda)}{\partial \lambda} = -\frac{x^2}{a^2} - \frac{y^2}{b^2} + 1 = 0$$

なので，$x = \dfrac{1}{\sqrt{2}}a, y = \dfrac{1}{\sqrt{2}}b$ で極値となって，最大値は $S_{\max}\left(\dfrac{1}{\sqrt{2}}a, \dfrac{1}{\sqrt{2}}b\right) = 2ab$ となる．

ラグラジアンを用いない方法は，比較的簡単なので省略する．各自，行い同様の結果が導出されることを確かめてみよ．

8-7

ラグラジアンを $L(x, y\,;\lambda) = 4xy - \lambda\left(\dfrac{a^2}{x^2} + \dfrac{b^2}{y^2} - 1\right)$ とすると，

$$\frac{\partial L(x, y\,;\lambda)}{\partial x} = 4y + 2\lambda\frac{a^2}{x^3} = 0$$

$$\frac{\partial L(x, y\,;\lambda)}{\partial y} = 4x + 2\lambda\frac{b^2}{y^3} = 0$$

$$\frac{\partial L(x, y\,;\lambda)}{\partial \lambda} = -\frac{a^2}{x^2} - \frac{b^2}{y^2} + 1 = 0$$

したがって, この設定では, $x = a\sqrt{2}, y = b\sqrt{2}$ で極値となり, 最大値は $S_{\max}(a\sqrt{2}, b\sqrt{2}) = 8ab$ である.

　ちなみに, ラグランジュの未定乗数法を用いないで変数をひとつ減らす方法を用いると, 以下のようになる. (こちらは計算が面倒なのであえて記しておくことにする.)

$y^2 = \dfrac{b^2 x^2}{x^2 - a^2}$ なので, $S(x) = 4b\dfrac{x^2}{\sqrt{x^2 - a^2}}$ となって, これを最大化する x を求めることになる.

　導関数は, $S'(x) = 4b\dfrac{x^3 - 2a^2 x}{(x^2 - a^2)^{3/2}}$

$S'(x) = 0$ として, $x = a\sqrt{2}$ を得る. 対応する y は, $y = b\sqrt{2}$.

　したがって, 最大値は $S_{\max}(a\sqrt{2}, b\sqrt{2}) = 8ab$ である.

8-8

8-3 を書き換えると, 以下のようになる.

2 次曲線 $y = -x^2 + 9$ と x 軸に内接する四角形の面積 $S = 2xy$ を最大にする x, y と面積を求めよ.

　この場合, 効用関数に相当するのが面積, 制約関数に相当するのが 2 次曲線である. 実際にラグランジュの未定乗数法を用いて解いてみると, 以下のようになる.

　ラグラジアンを $L(x, y\,;\lambda) = 2xy - \lambda(y + x^2 - 9)$ として,

$$\frac{\partial L}{\partial x} = 2y - 2x\lambda = 0$$

$$\frac{\partial L}{\partial y} = 2x - \lambda = 0$$

$$\frac{\partial L}{\partial \lambda} = y - x^2 + 9 = 0$$

これより, $x = \pm\sqrt{3}, y = 6$ で極値となり, 最大値は $S_{\max}(\pm\sqrt{3}, 6) = 12\sqrt{3}$ となる.

とりあえずの **あとがき**

　本書は，2016 年 12 月 15 日，木曜日の午後に生じたある偶然の産物である．

　その日，僕は，大学へ行く予定ではなかった．ゼミ生との面談（卒業研究）を僕はたいてい月曜日か木曜日に入れていたのだが，この時期は，ほとんど月曜日の午後に集中していた．だからとりたてて木曜日に研究室に行く用事はなかった．

　しかし，なぜか僕は，その日，フラフラと大学へ赴いたのであった（きっとヒマだったのだろう 笑）．で，僕が自室の研究室の前まで来たときに，ほとんど同時にやって来たのが学術図書出版社の貝沼稔夫氏であった．

　学術図書出版社と言えば主に理科系の専門書を扱う老舗の出版社である．その編集者が数学者でもない私に数学の本を書けと持ちかけたのである．これには驚いた．「この人，本気か？」と思った．がしかし，本気らしい…（きっとこの出版不況でヤケになってるんだろう 笑）．で，話をしていると妙に気が合って楽しかった（と思ったのは僕だけかもしれんのだが…）．

　それから僕は一気に書いた．普段の講義で話していることをかなり膨らませて，多少なりとも色を付け，数学っぽくない数学の本として書いた（つもりである…）．で，サーッと書いて終わらせるつもりだったのだが，この朴訥とした好青年たる貝沼氏が，とびきり優秀で，曖昧なことを書くとすぐにばれるのである！　これには感心した！

　僕は元来が相当にアバウトな男で，細かいことができない．キッチリ，カッチリとした頭脳ではない．こういう男が書いた数学の本が数学の本たるには，貝沼氏のような優秀な編集者が是非とも必要で，確かに，彼がいなければ本書は絶対に世に出ることはなかったのである．ここに心からのお礼を記したい．

　当初，こうした後記は書かないつもりだったのだが，作業が佳境に至ってどうしても一筆書いておきたくなったのは彼の人徳のなせる技である．

　なお，本書は，まだこれで完成ではない．読者の反応もよくよく参考にし，もう数回の改訂を経てより納得のいくものにしようと思っている（とりあえずのあとがきというおかしな見出しはそういう意味である）．かくして，まだしばらく貝沼氏にご厄介にならなければならない．もし本書の改訂版が，初版よりマシなものになっていたとすればそれは貝沼氏のご尽力の賜物に他ならない（もっとも，悪くなっても貝沼氏のせいです…，ということにしておく 笑）．

2018 年早春　近畿大学にて

森川　亮

あとがき

　楽しい時間は瞬く間に過ぎてゆく・・・．このよく知られた感覚は哲学にとっても第一級の問いとなる．しかし，私はこの感覚を本当に知っていたのか？　そんなことをあらためて考えたくなる．それほどに，本書の執筆を開始してから今日までの3年の月日はあまりにも速かったとの感慨を抱かざるを得ない．

　その間，1冊であったはずの計画は2冊となり，微分積分篇と線形代数篇の2冊として結実した．学術図書出版社と同社の貝沼稔夫氏には本当に感謝してもしきれない．本当に楽しい時間をありがとうございました！

　本書は，経済学や経営学（そして広くは社会科学）を学ぶ者を念頭に書かれている．だが，筆者のスタンスはハッキリと経済学・経営学に懐疑的である．またその理論への数学の過度な利用に対してもことさら疑問を呈した筆致になっている．詳細は読んでいただく他ないが，そういう意味において本書はかなり色の付いた書であり，経済学と経営学，そしてあまりにも皮相な現代社会に対する疑義申し立ての書でもある．各方面からのご叱責とご教示を請いたい．

　この「あとがき」を書き終えてしばらくしたら，筆者はまた物理学と哲学と思想の旅に出ようと思っている．芭蕉のようにはいかないだろうが，道祖神に招かれて，本書を古庵の柱に立てかけて・・・．

　そして，なんとか無事に旅を終えて，いつか故郷に戻りたいなあ，などとも思っている．

　本書を故郷の父と母に捧げる．

2020年早春

森川　亮

索　　引

あ行

一般項, 14
右方極限, 25
エッジワース, 130
オイラーの関係式, 68

か行

階差数列, 19
ガウス, 17
関数, 2
カント, 145
逆演算, 78
逆関数, 8
金融工学, 85
金利, 22
クォンツ, 85
グローバリズム, 35, 143
経済人, 132
ケインズ, 30
限界生産力, 62
減税乗数, 31
原始関数, 78
公差, 15
合成関数, 57
効用関数, 133, 136

さ行

最適化問題, 139
左方極限, 25
三角関数, 4
三平方の定理, 5
ジェヴォンズ, 130

指数, 12
指数関数, 6
資本主義, 33
収束, 24
乗数効果, 27
振動, 24
生産関数, 61
関孝和, 75
積分, 78
積分定数, 80
ゼノンのパラドクス, 70
全微分, 61

た行

対数関数, 7
体積, 100
置換積分, 106
底, 7
テイラー展開, 63
導関数, 43
等差数列, 14
等比数列, 14
特異点, 73

な行

二項展開, 66
ニュートン, 73
ネイピア数, 6, 7, 48

は行

パスカル三角形, 66
発散, 23, 24

ピタゴラスの定理, 5
微分, 43
微分係数, 43
微分方程式, 85
不定積分, 78, 80
部分積分の公式, 81
ブラウン運動, 87
ブラック・ショールズ方
　　　程式, 85, 87
偏微分, 59
放物線, 3
ホモ・エコノミカス, 132

ま行

マクタガート, 71
マクローリン展開, 63
無限大, 23
面積, 92

ら行

ライプニッツ, 74
ライプニッツ記法, 49, 84
ラグランジアン, 140
ラグランジュの未定乗数
　　　法, 140
ラッセル, 70
ランダムウォーク, 87
リーマン和, 93

わ行

ワルラス, 130

著者紹介

森川　亮（もりかわ　りょう）

近畿大学経営学部 教養・基礎教育部門 准教授
1969 年 4 月 24 日，岐阜県岐阜市生まれ．

京都大学大学院人間・環境学研究科博士後期課程を経て Theoretical Physics Research Unit, Birkbeck College, University of London で Bohm-Hiley 理論を学ぶ．神奈川大学理学部非常勤講師，山形大学大学院理工学研究科准教授などを経て現職．

物理学の哲学・思想・歴史（その思想史），特に量子力学の解釈，なかでもボーム理論（Bohm-Hiley 理論）の専門家である．

しゃかいかがくけい
社会科学系のための鷹揚数学入門
おうようすうがくにゅうもん
—微分積分篇—［改訂版］

2018 年 4 月 10 日	第 1 版	第 1 刷	発行
2019 年 4 月 30 日	第 1 版	第 2 刷	発行
2020 年 4 月 10 日	第 2 版	第 1 刷	発行
2023 年 3 月 20 日	改訂版	第 1 刷	印刷
2023 年 4 月 10 日	改訂版	第 1 刷	発行

著　者　　森　川　　亮
発 行 者　　発　田　和　子
発 行 所　　株式会社　学術図書出版社

〒113-0033　東京都文京区本郷 5 丁目 4 の 6
TEL 03-3811-0889　振替 00110-4-28454
印刷　三和印刷（株）

定価はカバーに表示してあります.

© MORIKAWA, R.　2018, 2020, 2023
Printed in Japan
ISBN978-4-7806-1107-6　C3041